Rainer Kühlewind

Wie geht Demokratie?

Unterrichtshinweise und Arbeitsmaterialien für die sonderpädagogische Förderung

PERSEN

Der Autor

Rainer Kühlewind studierte Sonderpädagogik mit den Fachrichtungen Geistigbehinderten- und Sprachheilpädagogik in Würzburg. Als Sonderschulkonrektor arbeitet er insbesondere an den Themen Inklusion und Partnerklassen, unterstützte Kommunikation, herausforderndes Verhalten, Prävention, SMV und Streitschlichterarbeit. Zudem engagiert er sich in den Bereichen Schulentwicklung und Lehrerfortbildung. Er ist auch Autor der Bücher „Konflikte an Förderschulen gewaltfrei lösen" und „Das Klassenklima stärken an der Förderschule" (mit Karolina Weisshar).

1. Auflage 2020

Grafik: Carla Miller (inkl. Covergrafik), Elisabeth Lottermoser (Radio S. 45, Friedenszeichen S. 34, Flagge Türkei S. 44, Nase S. 115), Julia Flasche (Pikto ankreuzen S. 28, 29, Flagge Großbritannien S. 44, Schlüssel S. 39), Katharina Reichert-Scarborough (Umriss Bundesland S. 28 / 110, Feuerwehr S. 83), Thomas Binder (Umriss Deutschland S.28 / 110), Oliver Wetterauer (Umriss Europa S. 28, Fernseher S. 45 / 47), Rebecca Meyer (Hände S. 31 / 82), Mele Brink (Bildergeschichte S. 48), Barbara Gerth (Springseil S. 108, Schwimmen S. 16), Stefan Lucas (Weltkugel S. 18)

Satz: Typographie & Computer, Krefeld

ISBN: 978-3-403-20488-6

www.persen.de

Übersicht Downloadmaterial

Alle Arbeitsmaterialien im veränderbaren Word-Format

Wichtigkeit der Demokratiepädagogik

Meinungsfreiheit schlägt in den sozialen Netzwerken schnell in Hass, Shitstorms, Hetze oder Mobbing um. Streitigkeiten arten oft in unvorstellbare persönliche Angriffe aus (auch körperlich), anstatt die Sache zu diskutieren. Viele Menschen suchen in unserer freiheitlichen Gesellschaft verzweifelt nach Halt und Orientierung – das Internet bringt aber noch mehr Informationen und damit auch Verwirrung. Sicher geglaubte Werte gehen real und im Netz scheinbar verloren. Die politischen Ränder erstarken weltweit. Kompromisse werden meist als Niederlagen oder ein Sichverbiegen dargestellt, …

Steckt die Demokratie in der Krise?!

In einer Studie der Friedrich-Ebert-Stiftung (April 2019) wurden hohe Zustimmungswerte für antidemokratische und rechtspopulistische Thesen gemessen. Es drohe ein „Verlust demokratischer Orientierung" in der Mitte der Gesellschaft, auch wenn es weiter hohe Zustimmung für die Demokratie gäbe. Das Fazit der Forscher: Es brauche mehr Demokratiebildung, Arbeit gegen Vorurteile und weniger Verharmlosung von menschenfeindlichen und demokratiemissachtenden Meinungen.

Wichtiger denn je ist es daher, Schülern[1] möglichst frühzeitig die Errungenschaften der Aufklärung, unsere Demokratie und die Werte des Grundgesetzes erleb- und erlernbar zu machen: Der Respekt vor jedem Menschen, die Gleichberechtigung, die Meinungsfreiheit (die den Respekt vor anderen Meinungen einschließt), die Mitbestimmungsmöglichkeiten, die Diskussions- und Streitkultur, der Kompromiss als Erfolgsmodell usw.

Eine demokratische Gesellschaft ist darauf angewiesen, dass ihre Mitglieder sich an ihrer Gestaltung kompetent beteiligen können. Daher steckt auch im „Vorbau" vieler Lehrpläne der Auftrag zur Demokratieerziehung, z. B. durch übergeordnete Verfassungsziele, Werte, persönliche Bildung, mündige Bürger, Entwicklung einer demokratischen Haltung, Herz und Charakter u. Ä.

Lehrkräfte haben zudem die Pflicht, für die freiheitlich-demokratische Grundordnung einzustehen.

Ein spezielles Fach dafür gibt es allerdings nicht. Das übergeordnete Ziel der Demokratiepädagogik soll überall (und nirgends) verwirklicht werden – und hier beginnt das Problem: Im normalen Schulalltag fehlen Platz und Zeit dafür.

In einer Studie des Verbandes Bildung und Erziehung (2018) werden folgende Wunsch-Lern-Ziele am häufigsten genannt: Achtung der Menschenrechte, Konfliktfähigkeit, soziale Kompetenzen, eigenverantwortliches Handeln, selbstständiges Lernen und aktuelle politische Ereignisse im Unterricht. Eltern und Lehrer fordern dafür mehr Freiräume, mehr Workshops und Projektwochen. Demokratie soll nicht nur Lerngegenstand, sondern auch „Lebensform" sein und im Unterricht und in der Schule gelebt werden.

Auch in der Politik kommt eine Aufwertung des Bildungsziels Demokratie langsam an. So wird z. B. im Koalitionsvertrag für Bayern (2018) eine Stärkung der Demokratieerziehung und Wertebildung an den Schulen ausdrücklich erwähnt.

[1] Der besseren Lesbarkeit halber wird in diesem Band auf die Verwendung der weiblichen Form verzichtet. Lehrerinnen, Schülerinnen usw. sind natürlich trotzdem gemeint.

Praktische Umsetzung im Buch

Demokratiepädagogik bewegt sich in einem sehr vielseitigen und komplexen Feld: Medienkompetenz/-erziehung, Aufbau des politischen Systems, Grundgesetz, aktuelle Politik, gesellschaftliche Bildung, Menschenrechtserziehung, soziales Lernen, Werte- und Haltungsbildung, Friedenserziehung, Umweltbildung, Verantwortung, Engagement in der Demokratie, Zivilcourage, interkulturelles Lernen, Wert und Gefährdung der Demokratie, …

Im Buch wird diese Komplexität in drei Bestandteile gegliedert, die wichtig für eine Demokratiekompetenz sind:

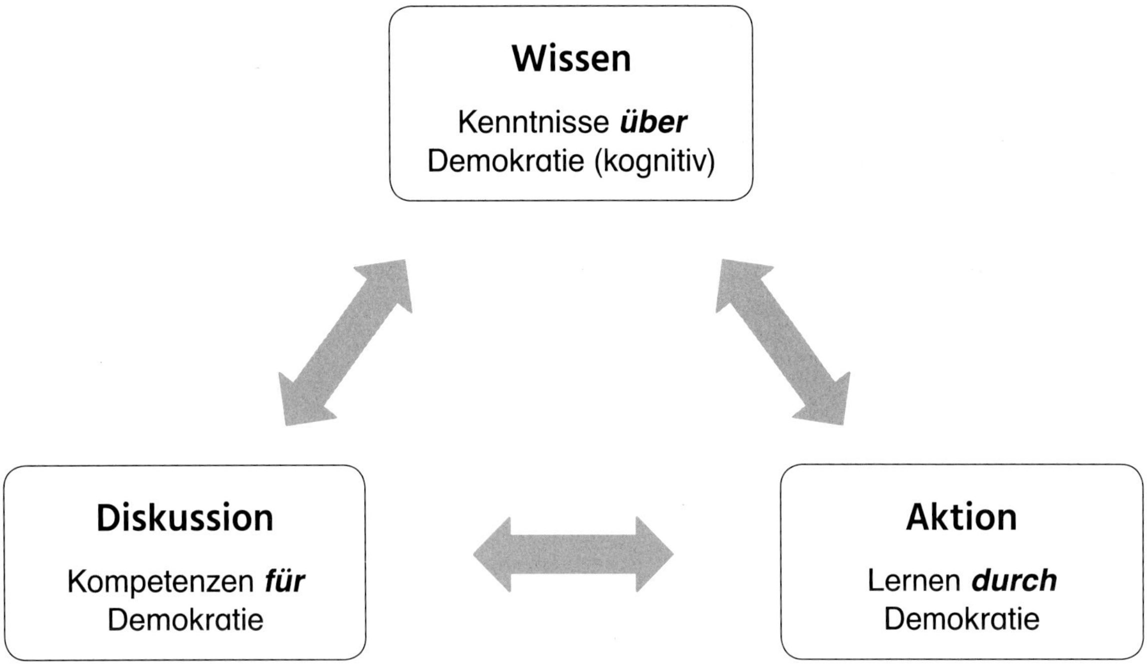

Demokratie als bedeutende Aufgabe von Schule wird also als Sachinhalt, Wert und Lebensform im Schulalltag dargeboten und mit Leben gefüllt. Zu den drei Teilen gibt es jeweils kurze Erklärungen mit Ideen und Tipps für die Lehrkräfte und viele einfache und elementare Arbeitsmaterialien.

Entscheidend für die Demokratiepädagogik ist die Grundhaltung, dass jeder Mensch Verantwortung trägt und übernehmen kann und dass jeder Mitbestimmungsmöglichkeiten hat. Dies gilt es, allen Schülern zuzutrauen und zu vermitteln – egal wie intensiv der Förderbedarf auch ist.

Folgende Arbeitsweisen bieten sich mit diesem Buch an:

- Da die Schülerschaft mit verschiedenen Förderschwerpunkten oft individuelle Anpassungen erfordern, sind alle Materialien als Zusatzmaterial zum Download im Word-Format vorhanden.
- Zusammen mit dem Deckblatt kann aus den angebotenen Arbeitsblättern ein für jeden Schüler individuell zusammengestellter „Leitfaden Demokratie" entstehen.
- Es muss nicht eine bestimmte Reihenfolge eingehalten oder alles am Stück erarbeitet werden. Es können auch immer wieder einzelne Elemente angeboten werden.
- Vor allem die Bereiche Aktion und Diskussion bieten für Schüler mit Förderbedarf viele Inhalte, die konkret erfahren und erlebt werden können. Dies kommt dem Lernverhalten oftmals sehr entgegen.

Wichtigkeit der Demokratiepädagogik

Ziel ist die Vorbereitung auf ein „Leben in der Demokratie“ mit folgenden (hochgesteckten) Kompetenzen: Respekt und Anerkennung, Demokratie verstehen, Selbstwirksamkeit erlernen und erleben, Medien kompetent nutzen, verantwortlich handeln und Interaktion in heterogenen Gruppen.

Die Schule kann einen Erfahrungs- und Experimentierraum darstellen. Im kleinen Rahmen wird eingeübt, was später das gesellschaftliche Zusammenleben bestimmen soll. Dies kann auch ein Anstoß für einen Schulentwicklungsprozess sein hin zu einer demokratischen Schulgemeinschaft.

Hinweis

Es handelt sich und ein positives und gestaltendes Thema, bei dem man sich vom Ideenreichtum der Schüler immer wieder überraschen lassen kann. Lassen Sie sich von diesem Buch dazu anstecken!

Im ersten Bereich geht es um Wissen und Kenntnisse *über* Demokratie – also um kognitive Sachverhalte. Dabei handelt es sich um theoretische Grundlagen der Demokratiepädagogik, die elementar und für Schüler mit Förderschwerpunkten leicht verständlich aufbereitet werden. Da es sich um das „Wissenskapitel“ handelt, werden in den Unterpunkten jeweils Hauptkompetenzziele für die Schüler genannt. Diese können mit den Materialien im Buch angegangen und natürlich auch mit anderen ergänzt, differenziert und vertieft werden.

1.1 Verantwortung

Verantwortung ist ein grundlegender Begriff für ein demokratisches Zusammenleben. Ich als Einzelner trage Verantwortung für mich selbst und mein Tun, aber auch für meinen Kontakt zu den Mitmenschen, den Zusammenhalt in der Klasse / Gesellschaft, für die Umwelt, für Frieden, ...

- Ich bin also kein Opfer, mit dem etwas geschieht.
- Ich bin nicht hilf- und machtlos dem Schicksal oder dem Staat ausgeliefert.
- Ich bin nicht weniger wert, als die „da oben“ oder „die Politiker“.

Nein, in der Demokratie bin ich dafür verantwortlich, für mich und für mein Leben in der Gemeinschaft zu sorgen:

- Ich erlebe mich (bestenfalls) selbstwirksam.
- Ich weiß, wie ich Ziele erreichen kann.
- Ich habe alle Freiheiten, ein gutes Leben zu leben.
- Ich darf wählen und mitbestimmen, wohin sich die Gesellschaft bewegt.
- Ich weiß, dass ich mit meinem Verhalten die Umwelt verbessern kann.

Diese positive Grundhaltung gilt es, gerade den Schülern mit Förderbedarf, trotz aller ihrer Erschwernisse und möglicher negativer Vorerfahrungen, immer wieder zu vermitteln. Hier sind ausdrücklich auch Schüler mit schweren Behinderungen und Kommunikationseinschränkungen gemeint. Sie sollen erfahren, dass sie mit Hilfen (z. B. unterstützter Kommunikation) durch ihre Aktion eine Reaktion auslösen können, dass sie ihr Umfeld beeinflussen können.

Neben dieser Haltung ist es auch wichtig, den Schülern aufzuzeigen, wie sie dies konkret im Alltag umsetzen können und wie sie eigene Ideen und Ziele verwirklichen können. Die praktische Umsetzung wird in den Punkten 2 und 3 genauer beschrieben (z. B. Klassenrat, Feedback, SMV, Anträge, Demonstrationen, ...).

Die Schüler sollen

- ihr eigenes Handeln im Hinblick auf das eigene Wohlergehen überdenken.
- ihr Handeln im Hinblick auf die Auswirkung auf die Klasse / auf Mitmenschen überdenken.
- ihr Handeln im Hinblick auf Konsequenzen auf Menschen und Umwelt überdenken.

Dafür sollen sich die Schüler selbst kennenlernen und einschätzen können (Material 1), ihr Handeln und ihren Einfluss auf die Klasse und auf die Umwelt reflektieren (Material 2 und Material 3). In der Demokratie zählt das Individuum: Erst wer sich als Individuum „spürt“, kann auch den anderen und die Umwelt „spüren“ (mitfühlen, Einfluss auf das Umfeld kennenlernen, ...).

Tipp

Vermitteln Sie den Schülern immer wieder positiv, dass sie selbst Verantwortung tragen und übernehmen können, dass sie sich und ihr Umfeld beeinflussen können.

1.2 Respekt

In Deutschland wird aufgrund seiner Geschichte die Menschenwürde als oberstes Prinzip der Verfassung benannt. Die Achtung jedes einzelnen Menschen ist also das höchste Gut. Dabei spielt es keine Rolle, woher er kommt, welche Hautfarbe oder sexuelle Neigung er hat, ob er eine Behinderung hat oder nicht, ob er dick oder dünn ist, ob es mir gefällt, was er tut, oder auch nicht.

Dieses oberste Prinzip des demokratischen Zusammenlebens muss erst erlernt werden. Der Schüler soll verstehen, dass er als Individuum ein Recht auf Freiheit und persönliche Entfaltung hat. Diese Rechte gelten aber im gleichen Maß auch für alle Mitmenschen. Daher sind gewisse Grenzen der eigenen Entfaltung schon gesetzt: Die Freiheit des anderen darf dabei nicht eingeschränkt werden.

Im Alltag unserer Schüler und in der Gesellschaft spielen oft Vorurteile, Ängste oder gar rassistische Äußerungen eine große Rolle. Diese Erfahrungen sind nur schwer mit der o. g. Achtung jedes einzelnen Menschen vereinbar. Umso notwendiger ist es daher, diese Anerkennung der Menschenwürde für jeden zu erklären und immer wieder darauf zu verweisen. Den Schülern soll der Spagat zwischen ihrer eigenen Einzigartigkeit und ihren Bedürfnissen und denen der anderen bewusst werden.

Die Lösung kann daher nicht ewig egoistisch und rücksichtlos aussehen. Die eigene Entfaltung ist immer auch abhängig von der Gestaltung menschlicher Beziehungen. Hier sind wir wieder bei der Verantwortung gegenüber den Mitmenschen und der Umwelt (Kapitel 1.1).

Als übergreifendes Wort für diese „Achtung der Menschenwürde“ wird hier „Respekt“ gewählt. Dieser Begriff ist vielen Schülern bekannt. Auch Schüler mit Migrationshintergrund oder aus anderen Kulturen können mit „Respekt“ schnell etwas anfangen. „Achtung“ oder „Anerkennung“ wäre schwieriger zu erklären.

Die Schüler

- erkennen die Würde und den Wert jedes einzelnen Menschen.
- begegnen einander möglichst vorurteilsfrei und respektvoll.
- lernen kennen, wie dieser respektvolle Umgang aussehen kann.
- denken über Probleme bei der Umsetzung von Gleichberechtigung nach.

Die Materialien regen zum Denken über Menschenwürde und Vorurteile oder Ängste an (Material 4) oder konkretisieren den Begriff Respekt durch Handlungsoptionen oder einen kleinen Lesetext (Material 5 / Material 6). Sie beschäftigen sich mit Rassismus (Material 7) oder mit der Gleichberechtigung zwischen Mann und Frau (Material 8) oder Randgruppen (Material 9). Passend dazu sind auch die Materialien zu Diskussionsanlässen (Material 71 / Material 72).

Tipp

Sie wissen aus eigener Erfahrung, dass der Spagat zwischen den eigenen Bedürfnissen und dem der Mitmenschen eine lebenslange Lernaufgabe ist. Begegnen Sie daher den Schülern nicht mit erhobenem Zeigefinger. Begleiten Sie Ihre Schüler als gutes Vorbild auf diesem Weg. Bleiben Sie auch bei „Umwegen“ ein Ansprechpartner, der wieder auf den richtigen Pfad zurückführen kann.

1.3 Demokratie

Unter diesem Punkt ließen sich Bücher füllen – und hierzu gibt es auch viele Bücher oder Materialien im Internet, die sich mit dem Aufbau der Demokratie in Deutschland, der verschiedenen Parlamente und politischen Ämter, der Wahlverfahren usw. beschäftigen.

Oftmals sind diese aber sehr theoretisch und gehen an der Alltagswelt von Schülern mit Förderbedarf vorbei.

Mit den vorhandenen Materialien wird versucht, den Schülern ganz elementar und stark vereinfacht die Grundzüge der Entwicklung und aktuellen Möglichkeiten zu vermitteln. Es geht um ein Verständnis für Demokratie und die vielen Einflussmöglichkeiten in dieser Staatsform. Natürlich können die Themen bei Bedarf nach oben differenziert oder durch weitere Materialien ergänzt werden.

Die Schüler

- begegnen den Vorteilen und Freiheiten der Staatsform Demokratie.
- lernen Grundgedanken der Aufklärung kennen.
- denken über Einflussmöglichkeiten und bürgerliches Engagement nach.
- erinnern sich an ihre eigene Verantwortung für sich und ihr Umfeld (siehe 1.1).

Das Arbeitsblatt (Material 10) stellt verschiedene Staatsformen gegenüber und lädt zur Diskussion über die Vorteile der Demokratie ein. Dies kann in Einzel-, Partner- oder Gruppenarbeit geschehen. Es können aber auch in Gruppen erst je eine Staatsform getrennt erarbeitet, diese dann gegenseitig vorgestellt und schließlich mit der ganzen Klasse diskutiert werden. Gerne können hier natürlich ergänzende Materialien oder Informationen aus dem Internet hinzugenommen werden. Auch kann als Differenzierung nach oben versucht werden, den Staatsformen Länder zuzuordnen.

Beim Arbeitsblatt (Material 11) soll der Grundgedanke der Aufklärung („Benutze deinen eigenen Verstand!") geschichtlich aufgegriffen werden. Ebenso soll verständlich werden, dass der Weg nicht immer friedlich und einfach und es eine gesamteuropäische Entwicklung war. Auch wiederholt sich ein Grundelement der Demokratie: Manche Dinge brauchen ihre Zeit, bis sie erreicht sind.

Die Grundsäulen der Demokratie (3 Gewalten + freie Medien) werden mit dem Arbeitsblatt (Material 12) vorgestellt und bildlich als Haus dargestellt – wenn man einen Baustein herausnimmt, droht das Gebäude einzustürzen. Dies leitet zu aktuellen, „demokratiegefährdenden" Entwicklungen hin. Hier darf gerne über Entwicklungen in anderen Ländern diskutiert werden, siehe auch Diskussionsanlass (Material 13).

Mit den Materialien 13/14 wird die „positive Grundhaltung" (siehe 1.1 Verantwortung) aufgegriffen und die zahlreichen Einflussmöglichkeiten in der Demokratie werden aufgebaut. So werden ganz elementar die Wahlen vom Klassensprecher bis zum Europaparlament übersichtlich dargestellt. Der genauere Ablauf von Wahlen oder der Aufbau der Parlamente kann bei Bedarf gerne ergänzt werden. Hier empfiehlt sich auch die Praxis von „echten" Wahlen zu den Klassen- und Schülersprechern (siehe 2.1 und 2.2) oder die Teilnahme an Juniorwahlen. Zudem werden viele Möglichkeiten für ein bürgerschaftliches Engagement aufgezeigt, die natürlich auch mit der Klasse aufgegriffen werden können, um z. B. in der Gemeinde ein Projekt durchzuführen o. Ä. (weitere Beispiele werden im Punkt 2.8 beschrieben).

Tipp

Wichtig ist bei diesen Themen, erneut die Grundhaltung zu vermitteln, dass jeder selbst verantwortlich ist und viele Einflussmöglichkeiten hat.

1.4 Grundgesetz

Das Grundgesetz ist die Verfassung der Bundesrepublik Deutschland und regelt die zentralen Belange für das Zusammenleben in diesem Staat. Es ist geschichtlich gesehen die „Vollendung" der Idee der Menschenrechte und bewusst sehr gut geschützt. Dieser „Schatz an europäischen Werten" soll den Schülern mit einfachen Texten, unterstützt durch Symbole, nähergebracht werden.

Hier sollte es also weniger um ein Auswendiglernen der Artikel als vielmehr um das Verständnis der Tragweite für den Alltag gehen. So kann verständlich werden, warum manche Dinge gerade in Deutschland so sehr geschützt sind, die man evtl. nicht immer gleich verstehen kann (z. B. Asylrecht, Religionsfreiheit, Schutz der Wohnung, ...).

Tipp

Viele Artikel und die beinhaltenden Themen laden zu Diskussionen ein. Bitte nutzen Sie dies auch ausgiebig. Die Demokratie lebt vom Austausch der Meinungen – dies sollen die Schüler erleben.

Am 10. Dezember 1948 wurden die Menschenrechte von der Generalversammlung der Vereinten Nationen verabschiedet. Dies beinhaltete die Absichtserklärung, dass die Menschenrechte in das nationale Recht umgesetzt werden. In etwa 200 Jahre nach der Idee in der „Zeit der Aufklärung" war dies ein bedeutender Schritt für die Welt – so kurz nach dem 2. Weltkrieg.

Am 23. Mai 1949 wurde das Grundgesetz der Bundesrepublik Deutschland verabschiedet. Es war die Antwort auf den „Zivilisationsbruch" im Naziterror. Zentral sollte ein Menschenbild sein, in dem der Schutz menschlicher Würde höchste Priorität besitzt. Es geht um die „Abwehr des Staates", der sich an seinen Bürgern nicht vergreifen darf – aber auch Verpflichtung des Staates zur Umsetzung und Durchsetzung der Rechte.

Aus diesem Blickwinkel wird klar, warum „der Staat" z. B. manchmal erst so umständlich einen „Durchsuchungsbeschluss" benötigt, bevor die Kommissare im Tatort in die Wohnung des schon längst Verdächtigen dürfen. Nach den Übergriffen des Staates auf die eigene Bevölkerung in der Nazizeit oder noch jünger durch die Stasi im geteilten Deutschland ist der Schutz der Wohnung ein hohes Gut geworden, dass der Staat selbst schützen muss. Geflüchtete aus anderen Ländern (z. B. Syrien, Irak, Nordafrika, ...) können hier in Diskussionen evtl. eigene Beiträge erzählen, dass beliebiges Verhaften und Eindringen in Wohnungen in vielen Ländern auch heute noch gang und gäbe ist.

Der rechtliche Rahmen des Grundgesetzes ist erstaunlich zeitlos und aktuell. In vielen Dingen ist das Grundgesetz sogar weiter als die Gesellschaft im Alltag. Auch dies ist eine wichtige zu vermittelnde Grundlage der Demokratie: Manche Dinge brauchen ihre Zeit.

Dies kann manchmal leider auch eine quälend lange Zeit sein: Eigentlich heute unvorstellbar, dass trotz Gleichheitsrecht seit 1949 die Vergewaltigung in der Ehe erst 1997 verboten wurde.

Oder dass die „Züchtigung in der Schule“ noch bis 1979 „Gewohnheitsrecht“ war, obwohl es schon 30 Jahre das Recht auf körperliche Unversehrtheit gab. Erst seit 2000 gibt es ein Gesetz gegen elterliche Gewalt in der Erziehung. Auch die „Ehe für alle“ gibt es erst seit 2017 und sorgt aktuell noch für Diskussionen.

Beruhigend ist, dass die Väter des Grundgesetzes dieses vor zu leichtfertigen Veränderungen geschützt haben. Um einen Artikel zu ergänzen oder zu verändern, ist eine Zweidrittelmehrheit sowohl im Bundestag als auch im Bundesrat notwendig. Dies geschieht also tatsächlich nur, wenn es eine sehr breite Zustimmung für dieses Anliegen gibt.

In anderen Ländern wie der Türkei oder auch Ungarn und Polen kann man verfolgen, wie schnell nicht so geschützte Verfassungen für Machtausübungen missbraucht werden können. Ganz schnell ist dann eine unabhängige Justiz oder die freie Presse faktisch abgeschafft – mitten in Europa.

Tipp

Von der Bundeszentrale für politische Bildung gibt es eine kostenlose App „bpb: Das Grundgesetz“, die neben vielen Informationen auch ein Quiz enthält. Diese kann für die Vorbereitung und evtl. auch mit den Schülern verwendet werden.

Die Schüler sollen

- verstehen, was das Grundgesetz für Deutschland bedeutet.
- mit den verschiedenen Artikeln erkennen, wie „menschlich“ und „wertvoll“ es ist.
- sich in Diskussionen mit den verschiedenen Artikeln auseinandersetzen.

Um die Mächtigkeit des Grundgesetzes kennenlernen zu können, können nicht alle Artikel durchgenommen werden. In den Materialien werden daher Grundlagen erklärt (Material 15) und die wichtigen Artikel § 1 (Würde), § 2 (Freiheit), § 3 (Gleichheit), § 4 (Religionsfreiheit), § 5 (Meinungs- und Pressefreiheit), § 6 (Ehe und Familie), § 8 (Versammlungsfreiheit), § 10 (Post- und Fernmeldegeheimnis), § 13 (Schutz der Wohnung), § 16a (Asylrecht) und § 17 (Petitionsrecht) in einfachen Worten erklärt und mit Symbolen unterstützt (Materialien 16–26).

Hinweis

Insgesamt kann mit den vorhandenen Materialien ein kleines Heft entstehen, in dem das Grundgesetz erklärt und wichtige Artikel gesammelt sind. Ergänzungen, Erweiterungen oder Diskussionsbeiträge können leicht eingebaut werden.

1.5 Kinderrechte

Ergänzend zu den Menschenrechten und dem Grundgesetz sollen die Kinderrechte nicht unerwähnt bleiben. Die Kinderrechte sind Grundbausteine einer demokratiepädagogisch motivierten schulischen Praxis. Die Schüler sollen wissen, dass es für sie noch einmal zusätzliche Rechte gibt.

1989 wurde von der UN-Vollversammlung die UN-Kinderrechtskonvention verabschiedet. In Deutschland wurden sie 1992 vom Bundestag in nationales Recht umgesetzt. Zusätzlich wurde die Geltung für alle Schulen durch die Kultusministerkonferenz von 2006 noch einmal verdeutlicht.

Die Schüler sollen
- erkennen, dass es für Kinder noch zusätzlich besondere Rechte gibt.
- einen kleinen Überblick über die Kinderrechte bekommen.
- ihre Rechte in Deutschland, abhängig vom Alter, kennenlernen.

Im Material werden die Grundgedanken und die Entwicklung kurz behandelt. Einen Überblick über zehn wichtige Kinderrechte verschafft das Material 28. Bezogen auf Deutschland werden die Kinder- und Jugendrechte in verschiedenen Altersstufen beschrieben und mit Symbolen unterstützt (Material 29). Dies bedeutet nur einen kleinen Überblick über die Kinderrechte. Hierzu kann ergänzend und differenzierend noch viel tiefer in die einzelnen Rechte eingestiegen werden.

Hinweis
In diesem Buch werden die Grundrechte und die Grundwerte der Demokratie vertieft durch die Artikel im Grundgesetz behandelt. An den Kinderrechten können diese Grundlagen ebenfalls gut erarbeitet werden. Hierzu gibt es viele Materialien u. a. im Internet.

1.6 Meinungsfreiheit

Da die eigene Meinung und der Meinungsaustausch für die Demokratie sehr wichtig sind, werden die Gedanken aus dem Artikel 5 GG noch einmal vertieft aufgegriffen. Kurz zusammengefasst geht es in diesem Themenblock um vier Bereiche:
- seine Meinung bilden (informieren, vergleichen, ...)
- andere Meinungen respektieren
- seine Meinung äußern
- diskutieren

Damit ist der Bereich auch eng verwoben mit den Punkten 1.7 (Medien), 3.4 (Diskussionen) und 3.8 (Medien).

Die Schüler sollen
- erkennen, dass sie eine eigene Meinung haben dürfen und bilden sollen.
- die vielfältigen Einflüsse auf ihre Meinung kennenlernen und werten.
- den Respekt vor anderen Meinungen verinnerlichen.
- den Meinungsaustausch als wichtig für die Meinungsbildung erkennen.

Je nach Einordnung des Themas kann der Artikel 5 GG als Grundlage noch einmal aufgegriffen werden (Material 20). Mit Material 30 werden die zahlreichen Einflüsse auf die Meinungsbildung bildlich aufgezeigt. Die kann zur Diskussion genutzt werden, welche Einflüsse gut und vertrauenswürdig sind und bei welchen Vorsicht angezeigt ist. Hierfür können auch die Materialien 32 und 82–85 zur Medienkompetenz zur Vertiefung ergänzt werden.

Beim Material 31 kommen nun zur eigenen Meinung noch andere Meinungen hinzu. Zwei Aspekte sollen hier vertieft werden: Erstens ist der Meinungsaustausch wertvoll, wenn auch nicht immer leicht. Zweites gilt es, den Respekt vor anderen Meinungen anzusprechen und einzuüben.

Die Themenaspekte „Meinung äußern“ und „diskutieren“ werden im Punkt 3.4 (Diskussionen) praktisch aufgegriffen.

Tipp
Hier geht es um die Grundhaltung zur Meinungsfreiheit und deren gegenseitige Achtung. Schlechte Beispiele gibt es im Alltag und den (sozialen) Medien zur Genüge. Seien Sie selbst ein gutes Vorbild. Gehen Sie bei persönlichen Angriffen unter Schülern sanft, aber energisch dazwischen und fordern Sie Respekt ein. Loben Sie gelungene Beispiele.

1.7 Medien

Medien sind für eine Demokratie ein zentraler Baustein. Sie dienen der Information, der Kommunikation, der Meinungsbildung und der Kontrolle der demokratischen Gewalten.

Die Medienwelt ist allerdings zunehmend undurchsichtiger geworden. Inzwischen geht von ihnen sogar eine gewissen Gefährdung der Demokratie aus, wenn man z. B. an die Wahlbeeinflussungen durch Fake News in sozialen Netzwerken denkt.

Die größere Gefahr für die Demokratie ist allerdings das Unwissen, die Sorglosigkeit, die Zuschauermentalität und oftmals sogar die Gleichgültigkeit von großen Teilen der Bevölkerung in Bezug auf Mediennutzung und deren Gefahrenpotenziale. Dies macht die o.g. Beeinflussung überhaupt erst möglich.

Ganz wichtig ist daher, den Schülern eine Auseinandersetzung mit den Medien in einer Demokratie zu ermöglichen. Ziel ist dabei eine „politische Medienkompetenz“.

Medien
- bieten Informationen zur Meinungsbildung.
- bieten Anlass für Diskussionen.
- bieten zahlreiche Potenziale zur Mitwirkung.
- sind motivierend und inspirierend.
- sind ein wichtiges Instrument in der Demokratie.

Ziel einer Medienkompetenz ist keine Abwehr oder Schockstarre, sondern ein bewusster Umgang mit den Möglichkeiten und den Gefahren. Es geht um eine Stärkung der Handlungsfähigkeit.

Die Schüler sollen
- verschiedene Medien als Informationsquellen kennen.
- Hintergründe und Absichten unterschiedlicher Medien kennenlernen.
- die Partizipationsmöglichkeiten nutzen können.
- die Medien als wichtige Stütze der Demokratie erkennen.
- Gefahren bewusst wahrnehmen und damit umgehen lernen.

Mit der Materialien 12 und 20 kann die Wichtigkeit der Medien als eine Säule der Demokratie und die Verankerung der Pressefreiheit im Grundgesetz als wichtige Grundlagen besprochen werden. Im Material 32 werden verschiedene Medien vorgestellt und dahinterliegende Absichten/Gefahren angedeutet. Die kann zur Diskussion genutzt werden. Die Beispiele zu den verschiedenen Medien können auch zuerst für eine Gruppenarbeit genutzt werden.

Hinweis
Da wir hier beim „Wissen über Demokratie" sind, sollten diese Themen als theoretischer Hintergrund ausreichen. Weitere praktische Einheiten zu den Medien finden Sie unter Punkt 3.8.

1.8 Kompromiss

Leider hat der Kompromiss in den letzten Jahren einen sehr negativen Touch bekommen. In den Medien ist dann z. B. von einer „Niederlage", von einem „Verbiegen" oder gar von einem „Verrat der Identität" die Rede. Der „faule Kompromiss" ist ein geflügeltes Wort.

Leider tragen auch einige Politiker zu dieser negativen Bewertung bei, wenn sie z. B. in Koalitionsverhandlungen mit Maximalforderungen gehen und keinen Millimeter davon abweichen wollen – und dies in der Öffentlichkeit als „Stärke" verkaufen. Politiker, die realitätsbezogen auf den Koalitionspartner zugehen oder sogar einmal Fehler zugeben, sind somit „schwach"?!

Schade, wenn wir „starke Politiker" wählen und uns dann aber gleichzeitig über die Unehrlichkeit in der Politik beschweren. Somit schließt sich der Kreis zu Punkt 1.1. Denn wir selbst tragen Verantwortung in unserer Demokratie: für uns selbst und auch für die Politiker, die wir wählen!

In der politischen Realität in Deutschland muss in fast allen Parlamenten ein Partner für Entscheidungen gesucht werden, da kaum eine Partei die absolute Mehrheit besitzt. Dies bedeutet, dass der Kompromiss der Alltag und nicht die Ausnahme ist. Es bedarf der Abstimmung über die Ziele, ein Aufeinanderzugehen und ein Ringen nach einer für die Beteiligten akzeptablen, gemeinsamen Lösung.

Wenn sich alle Beteiligten finden können und es allen auch ein bisschen wehtut – dann ist es ein guter Kompromiss. Dann zeichnet es die Stärke und das Verhandlungsgeschick der Politiker aus. Hier lebt die Demokratie mit dem Kompromiss als zwingende Notwendigkeit.

Die Schüler sollen

- das Wort Kompromiss verstehen.
- den Kompromiss als positive Notwendigkeit erfahren.

Das Material 33 lädt zur Diskussion über „gute" gemeinsame Lösungen ein, die dann zum Wort „Kompromiss" überleiten und ihn als „Stärke der Demokratie" darstellt. Auch hier sind wieder die gemeinsame Diskussion und Erarbeitung dieser „positiven Grundhaltung" im Mittelpunkt.

Hinweis
Da wir hier beim „Wissen über Demokratie" sind, soll diese „positive Grundhaltung" zum Kompromiss als theoretischer Einstieg genügen. Weitere praktische Ideen finden Sie unter Punkt 3.5.

Wie geht Demokratie?

Ich bestimme mit!

Foto von mir

Verantwortung für mich

Was tut mir gut?

 Musik hören	 Bewegung	 Computer/Spielekonsole
 malen	 Rad fahren	 schwimmen
 Spielplatz	____________	____________

Was tut mir nicht gut? Was stresst mich?

 Lärm	 beschimpft werden	 zu schwere Aufgaben
 zu viele Aufgaben gleichzeitig	 ungerecht	 Pflichten
 Streit/Ärger	____________	____________

Ich bin für mich verantwortlich!
Ich kann dafür sorgen, dass es *mir* gut geht.

Was tut der Klasse gut? Tausche dich mit deinem Nachbarn aus.

 Streit/Ärger	 Musik hören	 Gerechtigkeit
 malen	 Lärm	 sich helfen
 miteinander reden	 Ordnung	 Unordnung
 freundlich sein		

Was kann ich für ein gutes Miteinander tun?

 NEIN sagen, wenn es reicht	 sagen/zeigen, was gut tut	 Hilfe holen
 mit jemandem reden		

Ich bin für die Klasse mitverantwortlich.
Ich kann dafür sorgen, dass es *uns* gut geht.

Was tut der Umwelt gut? Tausche dich mit deinem Nachbarn aus.

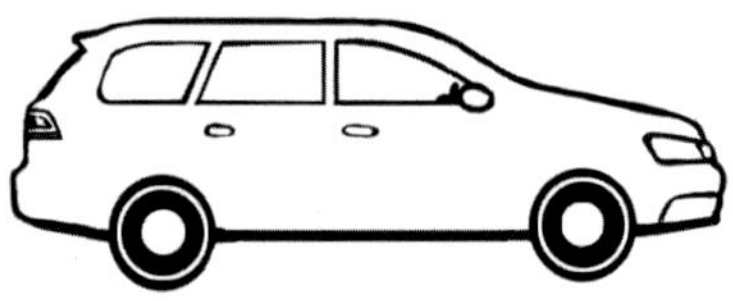 Auto fahren	 Lärm	 Zug fahren
 Müll überall hinwerfen	 Rad fahren	 alle Bäume fällen
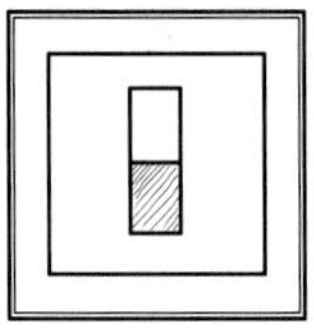 Strom sparen	 Luft verschmutzen	 Abfall trennen
 spazieren gehen	______________	______________

Was kann ich machen, damit es der Umwelt gut geht?

 nachdenken	 sagen/zeigen, was gut tut	 umweltfreundlich handeln
 demonstrieren	______________	______________

Ich bin für die Umwelt mitverantwortlich.
Ich kann dafür sorgen, dass es *ihr* gut geht.

Diskutiere mit deinem Partner über die Sätze.

„Die Würde des Menschen ist unantastbar."

(Grundgesetz, Artikel 1)

„Genauso, wie du bist, bist du von Gott geliebt."

(christlicher Glaube)

„Freiheit heißt: tun und lassen können, was man will, solange dadurch die Freiheit anderer nicht begrenzt wird."

„Weder wird der Araber vor dem Nichtaraber, noch der Weiße vor dem Schwarzen bevorzugt."

Prophet Muhammad

Du bist wertvoll.

Dein Mitmensch ist wertvoll.

Alle Menschen sind gleich wertvoll.

Das ist die wichtigste Regel für unser Zusammenleben!

Fragen zum Nachdenken:

Kennst du Ängste vor bestimmten Menschengruppen?

Kennst du Vorurteile?

Hast du schon einmal selber Vorurteile erlebt?

Respekt zeigen

Wir nehmen den anderen so an, wie er ist.
Wir verhalten uns so, dass es allen gut geht.

Hier sind ein paar Beispiele:

nicht dazwischenreden

So geht's:

zuhören und
ausreden lassen

nicht beleidigen

So geht's:

beim richtigen Namen nennen

nicht an intime Körperstellen
fassen.

So geht's:

den Körper anderer achten
und immer vorher fragen

nicht auslachen
nicht verletzen
nicht ärgern

So geht's:

freundlich bleiben

Wie zeigst du Respekt? Fallen dir noch andere Beispiele ein?

Wir wollen, dass es uns gut geht in der Gemeinschaft. Deswegen zeigen wir Respekt voreinander. Aber wie geht das genau? Was ist eigentlich Respekt?

1. Lies den Text.

Respekt

Andere Worte für Respekt sind **Rücksicht, Anerkennung oder Achtung**.

Respekt bedeutet, auf Menschen und Dinge Rücksicht zu nehmen. Es bedeutet, auf Menschen und Dinge gut aufzupassen. Sie sind wertvoll.

Ich zeige Respekt vor Menschen. Das heißt, dass ich zu anderen Menschen höflich und freundlich bin. Ich nehme sie so an, wie sie sind. Es ist egal, ob sie reich oder arm sind. Es ist egal, ob sie dick oder dünn sind, hübsch oder hässlich. Ich behandele alle Menschen gleich. Wenn ich jemanden nicht mag, kann ich ihm aus dem Weg gehen.
Jeder Mensch hat das Recht auf Respekt. Auch ich möchte höflich und freundlich behandelt werden.

Ich zeige Respekt in der Schule. Das heißt, dass ich mich an die Regeln halte. Die Schule vermittelt mir viel Wissen. Wenn ich etwas nicht spannend finde, bleibe ich ruhig. Ich störe nicht den Unterricht. Ich zeige Respekt und nehme Rücksicht auf die Interessen der anderen Schüler. Wenn ich etwas spannend finde, möchte ich auch einen Unterricht ohne Störungen. Ich verhalte mich so, wie ich auch behandelt werden möchte.

2. Beantworte die Fragen.

Was bedeutet Respekt?

____

Wie zeige ich Respekt? Nenne 3 Beispiele:

____

____

____

Respekt vor Menschenwürde: Kein Platz für Rassismus!

Es gibt Menschen, die glauben, dass sie besser sind als andere.

Sie haben z. B. …

… Vorurteile gegenüber Menschen aus anderen Ländern.

… Vorurteile gegenüber Menschen mit Behinderungen.

… keinen Respekt vor Menschen mit einer anderen Meinung.

Das ist falsch und gefährlich:

- Seit Jahrhunderten gibt es in allen Ländern Bevölkerungswanderungen und Flucht, z. B. vor Kriegen. Die Bevölkerung ist schon immer eine Mischung aus verschiedenen Gruppen und Kulturen.
- Viele in Menschen in Deutschland dachten unter Hitler schon einmal, dass sie besser wären als andere. Das hat zur Ermordung von vielen Juden und Menschen mit Behinderungen geführt. Und es hat zu einem Krieg mit Millionen von Toten geführt. Deutschland war stark zerstört.

Erinnere dich:

Alle Menschen sind gleich wertvoll.

Das ist die wichtigste Regel für unser Zusammenleben.

Da ist kein Platz für Rassismus!

In Deutschland gilt Gleichberechtigung zwischen Mann und Frau:

Mann und Frau haben die gleichen Rechte. Alle sind gleich wertvoll.

Das war ein langer Weg:

- Seit 1918 dürfen Frauen wählen.
- Seit 1957 Gesetz über die Gleichberechtigung von Mann und Frau.
- Seit 1977 darf die Frau sich selbst für einen Beruf entscheiden.
  Vorher musste der Mann zustimmen.
- Seit 1997 gibt es die „Vergewaltigung in der Ehe“.
  Vorher durfte der Mann auch ohne Zustimmung der Frau Sex haben.

Andere Kulturen sind diesen Weg noch nicht gegangen. Dort „herrscht“ noch der Mann. Das kann in Deutschland zu Problemen führen.

Auch in Deutschland ist noch nicht alles perfekt, z. B.

- verdienen Frauen oft weniger als Männer.
- sind viel mehr Männer Chefs als Frauen.

Kennst du noch andere Ungerechtigkeiten? Diskutiere in der Gruppe.

Erinnere dich:

Alle Menschen sind gleich wertvoll.

Das ist die wichtigste Regel für unser Zusammenleben.

Mann und Frau sind gleich wertvoll!

Gleichberechtigung

In Deutschland gilt Gleichberechtigung: Alle haben gleiche Rechte!

Das funktioniert noch nicht bei allen Menschen ohne Probleme.

Erinnere dich:

Alle Menschen sind gleich wertvoll.

Probleme gibt es z. B. noch bei diesen Themen:

<table>
<tr><td>Homosexualität</td><td><ul><li>„Ehe für alle“ erst seit 2017</li><li>Vorurteile im Alltag</li><li>in anderen Ländern noch verboten</li></ul></td><td></td></tr>
<tr><td>Menschen mit Behinderungen</td><td></td><td><ul><li>Benachteiligungen im Alltag (z. B. hohe Gehsteigkanten, …)</li><li>Inklusion (Schule, Arbeit, …)</li><li>Vorurteile im Alltag</li></ul></td></tr>
<tr><td>Menschen mit Migrationshintergrund</td><td><ul><li>Benachteiligungen im Alltag (Arbeit, …)</li><li>Vorurteile im Alltag</li><li>Ausländerfeindlichkeit</li></ul></td><td></td></tr>
</table>

Erinnere dich:

Alle Menschen sind gleich wertvoll.

Das ist die wichtigste Regel für unser Zusammenleben.

Manche Entwicklungen brauchen Zeit.

Bleiben wir dran!

Monarchie

- König hat alleinige Macht.
- Bürger sind „Untertanen“.
- Kontrolle durch Ritter/ Soldaten
- Bürger müssen gehorchen.
- Bürger habe keine Wahl.
- Bürger dürfen keine eigene Meinung haben.

Diktatur

- Diktator hat alleinige Macht.
- Bürger sind Unterdrückte.
- Kontrolle durch Militär.
- Bürger müssen gehorchen.
- Bürger haben kein Wahlrecht.
- Bürger dürfen keine eigene Meinung haben.

Einparteisystem

- Eine Partei hat alleinige Macht.
- Bürger sind Unterdrückte.
- Kontrolle durch Geheimpolizei/Militär.
- Bürger müssen gehorchen.
- Bürger haben keine echte Wahl.
- Bürger dürfen keine eigene Meinung haben.

Demokratie

- Politiker haben Macht auf Zeit.
- Menschen sind alle gleich wertvoll.
- Regeleinhaltung durch Gesetze, Gerichte und Polizei.
- Ich darf tun und lassen, was ich will (innerhalb der Gesetze).
- Ich darf wählen und mitbestimmen.
- Ich darf den Beruf selbst aussuchen.
- Ich darf und soll meine Meinung sagen.

Lies dir die Texte zu den verschiedenen Staatsformen genau durch.

Besprich mit deinem Partner die Vorteile der Demokratie.

Zeitalter der Aufklärung

In Europa herrschten früher Könige und Kaiser.

Die Menschen waren arm. Sie mussten gehorchen.

Sie wurden durch das Militär kontrolliert.

Sie durften ihre Meinung nicht sagen.

Sie konnten nicht wählen.

Um das Jahr 1700 entstand aber eine wichtige Idee:

Immer mehr Menschen fanden die Idee gut.

Die Könige und Kaiser hatten Angst vor dieser Idee.

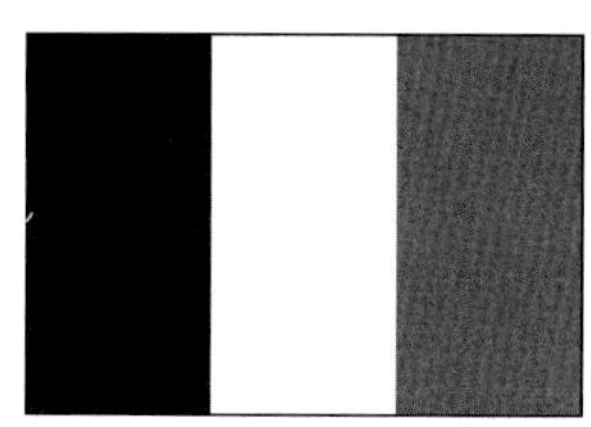

1789 kam es in Frankreich zu einer Revolution.

Die Menschen kämpften gegen ihren Herrscher.

Sie kämpften für die Ziele FREIHEIT, GLEICHHEIT und BRÜDERLICHKEIT.

Das war ein entscheidendes Ereignis in Europa.

Hier entstanden die Menschenrechte.

Es dauerte zwar noch viele, viele Jahre.

Aber es war wichtig für die Demokratie in den Ländern Europas.

Erinnere dich:
Manche Entwicklungen brauchen Zeit!

Die Grundideen der Demokratie:

- Ich bin wertvoll – alle Menschen sind gleich wertvoll.
- Ich darf frei denken und meine Meinung sagen.
- Ich darf wählen und mitbestimmen.
- Ich darf mein Leben so leben, wie ich es will – solange ich die Freiheit eines anderen nicht einschränke.

Damit das klappt, hat man die Demokratie auf 3 Säulen (Gewalten) gebaut:

DEMOKRATIE

Legislative		Exekutive		Judikative
macht Gesetze, z. B. Bundestag		führt Gesetze aus, z. B. Regierung, Verwaltungen, Behörden		Rechtsprechung kontrolliert Gesetze, z. B. Gerichte

freie Medien
kontrollieren, berichten, informieren die Menschen

Die 3 Säulen (Gewalten) müssen frei und unabhängig sein!

Die Pressefreiheit ist für die Demokratie auch sehr wichtig.
Die Presse kontrolliert, ob alles richtig funktioniert.

ACHTUNG GEFAHR:

Es gibt immer wieder Politiker, die eine der Säulen abreißen wollen.
So dürfen dann z. B. die Richter nicht mehr unabhängig arbeiten.
Oder die Presse darf nur noch berichten, was die Regierung gut findet.

Demokratie: Einfluss durch Wahlen

In der Demokratie darf jeder seine Meinung sagen.
Wenn aber z. B. in der Schule alle Schüler gleichzeitig mit ihren Ideen zum Schulleiter gehen, dann kann dieser nicht mehr arbeiten und nichts funktioniert mehr.

Daher wählt man Klassensprecher.
Diese vertreten die Meinung der Mitschüler.

In der Klassensprecherkonferenz können sie mit dem Schulleiter sprechen.

In Deutschland wählt man auch Vertreter (ab 18 Jahren).
Die nennt man Politiker. Klassensprecher sind also „Schulpolitiker".

Durch Wahlen habe ich viel Einfluss:

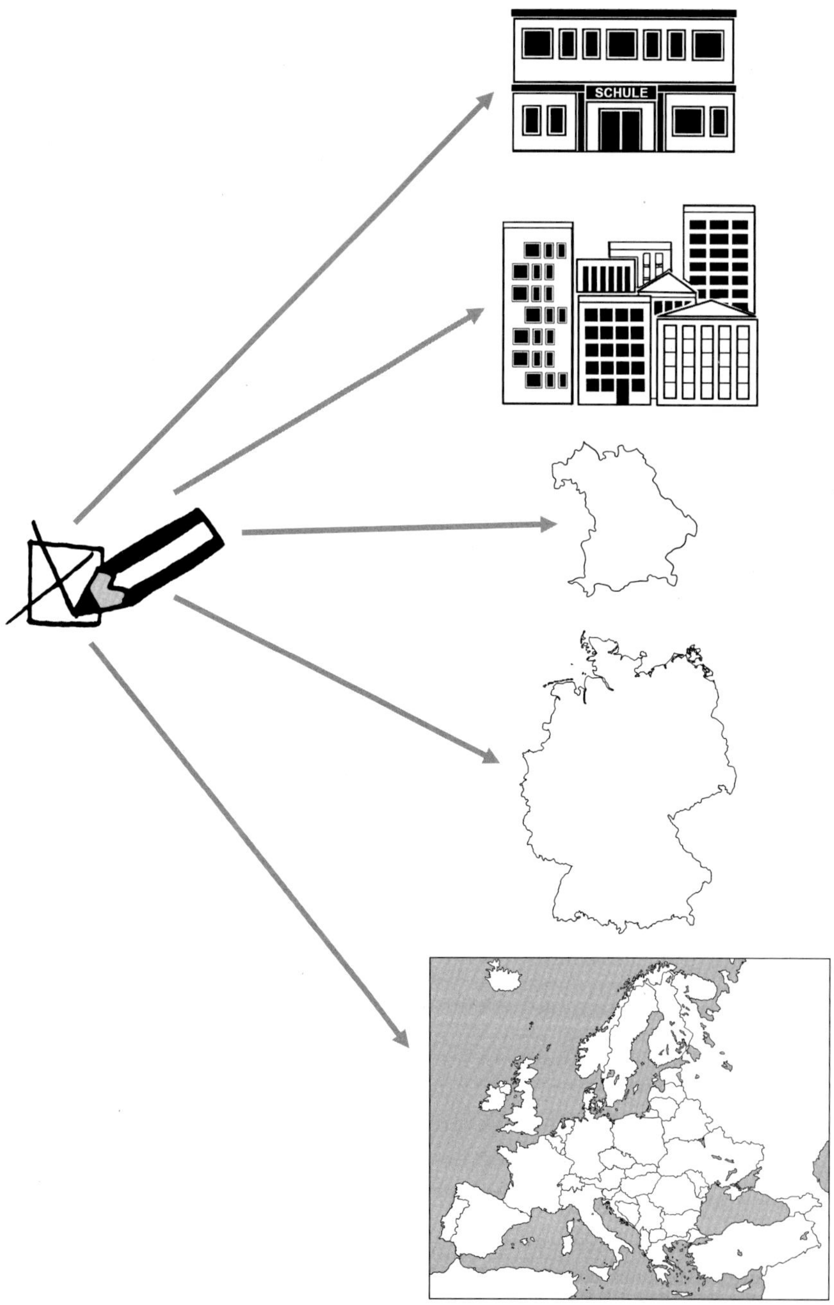

Schule
- Klassensprecher
- Schülersprecher

Stadt/Gemeinde
- Stadt-/Gemeinderat
- evtl. Kreistag

Bundesland
- Landtag
- evtl. Bezirkstag

Deutschland
- Bundestag

Europa
- Europaparlament

Von der Schule bis ganz Europa – überall kann ich mitbestimmen!

Demokratie: Einfluss durch bürgerschaftliches Engagement

Manche Menschen sitzen auf dem Sofa und schimpfen

- über den Staat.
- über die Politiker.
- über die Ungerechtigkeiten in der Welt.

Wer nur jammert, hat leider die Demokratie nicht verstanden!

Erinnere dich:

Ich bin mitverantwortlich dafür, dass es mir gut geht.

Ich bin für das Miteinander und die Umwelt mitverantwortlich.

Ich kann viel machen:

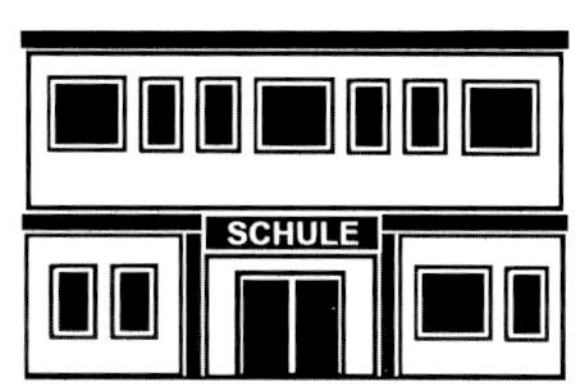

Schule

- Klassensprecher
- Schülersprecher
- Streitschlichter

wählen gehen

selbst Politiker werden

demonstrieren

Brief schreiben

Antrag stellen

Ich kann viel machen – das nennt man bürgerschaftliches Engagement.

Das Grundgesetz

In einer Verfassung stehen wichtige Regeln für das Zusammenleben.
In Deutschland heißt die Verfassung **„Grundgesetz“**.

Nach dem entsetzlichen Morden in der Nazizeit unter Hitler an Juden, Menschen mit Behinderungen und Andersdenkenden wurde im Grundgesetz vor allem der Schutz der Menschen aufgenommen.

Jeder Mensch wird vom Staat, aber auch vor dem Staat geschützt, z. B.:

- Alle Menschen sind gleich wertvoll.
- Der Staat darf nicht einfach in die Wohnung von Bürgern gehen.

200 Jahre nach der Idee der Menschenrechte in der Zeit der Aufklärung wurden diese 1949 in das Grundgesetz aufgenommen.

Das Grundgesetz und die Menschenrechte darin sind besonders geschützt.
Sie können nicht einfach von der Regierung verändert werden!

Das Grundgesetz ist in kleine Teile aufgeteilt.
Diese Teile nennt man Artikel.
Die Artikel haben Nummern.

Das Grundgesetz ist die Grundlage für ein gutes Zusammenleben!

Wenn viele Menschen das Grundgesetz unterstützen, werden unsere Freiheit und unsere Demokratie geschützt.

Grundgesetz Artikel 1: Die Würde des Menschen ist unantastbar

(1) Die Würde des Menschen ist unantastbar. Sie zu achten und zu schützen ist die Verpflichtung aller staatlichen Gewalt.

(2) Das deutsche Volk bekennt sich darum zu unverletzlichen und unveräußerlichen Menschenrechten als Grundlage jeder menschlichen Gemeinschaft, des Friedens und der Gerechtigkeit in der Welt.

Artikel 1 sagt: Jeder Mensch ist wertvoll.

Es ist egal,

- welche Hautfarbe er hat.
- welche Religion er hat.
- aus welchem Land er kommt.
- ob er Frau oder Mann ist.
- ob er alt ist oder eine Behinderung hat.

Artikel 1 schützt den Menschen in seiner Würde.
Würde heißt: Alle Menschen haben einen Wert.

Die Menschenwürde ist die wichtigste Regel im Grundgesetz.

Der Staat schützt die Würde aller Menschen.

Jeder, der für den Staat arbeitet, muss die Menschenrechte beachten.

In Deutschland heißt es daher: „Die Polizei – dein Freund und Helfer!"

Alle Menschen bekennen sich zu den Menschenrechten:

Niemand darf die Würde eines Menschen verletzen.
Sie haben Respekt voreinander.

Grundgesetz Artikel 2: Das Recht auf Freiheit

(1) Jeder hat das Recht auf die freie Entfaltung seiner Persönlichkeit, soweit er nicht die Rechte anderer verletzt und nicht gegen die verfassungsmäßige Ordnung oder das Sittengesetz verstößt.

(2) Jeder hat das Recht auf Leben und körperliche Unversehrtheit. Die Freiheit der Person ist unverletzlich. In dieses Recht darf nur aufgrund eines Gesetzes eingegriffen werden.

Artikel 2 sagt: Jeder Mensch darf so leben, wie er es möchte.

Er darf selbst bestimmen,

- wo er lebt.
- mit wem er sich trifft.
- welche Kleidung er anzieht.
- welche Musik er hört.

Das nennt man „freie Entfaltung seiner Persönlichkeit".

Er muss aber die Rechte anderer achten.
Und er muss sich an die Gesetze halten.

Der Artikel 2 sagt: Jeder hat das Recht zu leben.
Der Artikel 2 schützt auch die „körperliche Unversehrtheit" (2).

Das bedeutet: Niemand hat das Recht,

- jemanden zu belästigen.
- jemanden zu schlagen.
- jemanden zu beklauen.

Auch der Staat darf niemanden foltern oder töten.

Im Gegenteil:
Der Staat schützt das Recht und passt darauf auf.

(1) Alle Menschen sind vor dem Gesetz gleich.

(2) Männer und Frauen sind gleichberechtigt. Der Staat fördert die tatsächliche Durchsetzung der Gleichberechtigung von Frauen und Männern und wirkt auf die Beseitigung bestehender Nachteile hin.

(3) Niemand darf wegen seines Geschlechtes, seiner Abstammung, seiner Rasse, seiner Sprache, seiner Heimat und Herkunft, seines Glaubens, seiner religiösen oder politischen Anschauungen benachteiligt oder bevorzugt werden. Niemand darf wegen seiner Behinderung benachteiligt werden.

Artikel 3 sagt: Alle Menschen sind vor dem Gesetz gleich (1).

Das bedeutet:

- Alle haben die gleichen Rechte.
- Der Staat muss alle gleich behandeln – egal ob reich oder arm, berühmt oder unbekannt.
- Der Staat darf niemanden besser oder schlechter behandeln.

Das ist nicht immer leicht. Jeder Mensch ist anders.

Es kommt vor, dann bestimmte Menschen schlechter behandelt werden.
Zum Beispiel, weil sie anders sind als die meisten Menschen.

Daher sagt der Artikel 3:

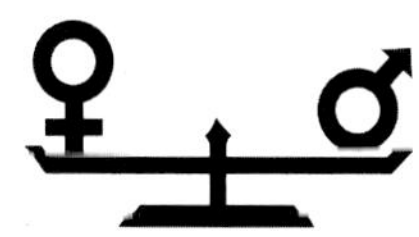

- Dass niemand bevorzugt oder benachteiligt werden darf (1).
- Dass Männer und Frauen gleich sind (2).
- Dass der Staat versucht, Nachteile abzubauen.
- Dass niemand bevorzugt oder benachteiligt werden darf (3),
  - weil er in einem anderen Land geboren ist.
  - weil er eine andere Hautfarbe hat.
  - weil er eine andere Sprache spricht.
  - weil er an eine andere oder keine Religion glaubt.
  - weil er eine andere Politik gut findet.
  - weil er eine Behinderung hat.

Der Staat muss etwas tun, um mehr Gleichheit zu schaffen.

(1) Die Freiheit des Glaubens, des Gewissens und die Freiheit des religiösen und weltanschaulichen Bekenntnisses sind unverletzlich.

(2) Die ungestörte Religionsausübung wird gewährleistet.

(3) Niemand darf gegen sein Gewissen zum Kriegsdienst mit der Waffe gezwungen werden.

Artikel 4 schützt die Freiheit, an das zu glauben, was man möchte.

Ich darf meine Religion oder Weltanschauung selbst wählen.

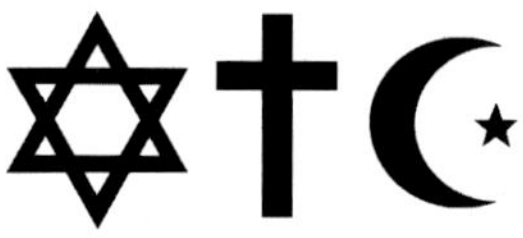

Es gibt viele Religionen auf der Welt.
Zum Beispiel das Christentum, den Islam, das Judentum, den Buddhismus, ...

- Manchen Menschen ist eine Religion wichtig.
- Diese Religion dürfen sie so ausüben, wie es ihnen wichtig ist (2).

Weltanschauung heißt die Sicht, wie man die Welt erklärt:

- Manchen ist die Mathematik oder Physik wichtig.
- Manchen ist die Politik wichtig.
- Manchen ist die Philosophie wichtig.

Jede Religion und jede Weltanschauung ist erlaubt (1).

Artikel 4 sagt auch:

Der Staat darf mich nicht zwingen, im Krieg mit einer Waffe zu kämpfen,

- wenn ich glaube, dass es falsch ist zu kämpfen.
- wenn ich nicht töten will oder kann.
- wenn ich es von der Religion aus nicht darf.

Dann ist es gegen mein Gewissen.

Ich muss dann nicht im Krieg kämpfen, ich muss aber z. B. im Krankenhaus helfen.

(1) Jeder hat das Recht, seine Meinung in Wort, Schrift und Bild frei zu äußern und zu verbreiten und sich aus allgemein zugänglichen Quellen ungehindert zu unterrichten. Die Pressefreiheit und die Freiheit der Berichterstattung durch Rundfunk und Film werden gewährleistet. Eine Zensur findet nicht statt.

Artikel 5 sagt:

Jeder darf seine Meinung öffentlich sagen oder schreiben.

- Ich darf die Politik der Regierung beanstanden.
- Ich darf die Bundeskanzlerin oder den Bundeskanzler kritisieren.
- Ich darf vorschlagen, was besser werden soll und wie.

Ich kann meine Meinung sagen, schreiben, im Internet veröffentlichen, …

Ich kann meine Meinung auch künstlerisch äußern, z. B. malen, singen, …

Das nennt man Meinungsfreiheit.

Es gibt auch Grenzen!

- Ich darf die Grundrechte der anderen nicht verletzen.
- Ich darf niemanden beleidigen.
- Ich darf niemanden bedrohen.
- Ich darf nicht zu Gewalt oder Hass aufrufen.

Es gibt nicht eine richtige Meinung – es gibt verschiedene Sichtweisen.
Über ein Thema darf und soll man diskutieren.
Jeder sagt seine Meinung. So lernt man andere Meinungen kennen.

Um sich seine Meinung zu bilden, braucht man Informationen.

Diese bekommt man z. B. aus der Zeitung, dem Radio, dem Fernsehen und dem Internet.

Auch die Medien haben die Freiheit, über das zu berichten, was ihnen wichtig ist.

Das nennt man Pressefreiheit.

Grundgesetz Artikel 6: Schutz von Ehe und Familie

(1) Ehe und Familie stehen unter dem besonderen Schutze der staatlichen Ordnung.

(2) Pflege und Erziehung der Kinder sind das natürliche Recht der Eltern und die zuvörderst ihnen obliegende Pflicht. Über ihre Betätigung wacht die staatliche Gemeinschaft.

Artikel 6 sagt: Der Staat schützt die **Ehe**.

Ehe heißt, dass zwei Menschen verheiratet sind.

Lange galt das nur für eine Ehe zwischen Mann und Frau.

Seit 2017 darf auf eine Frau eine Frau heiraten.
Und ein Mann darf einen Mann heiraten.

Für alle Ehen gilt in Deutschland:

- Ich wähle meinen Partner/meine Partnerin selbst.
- Ich entscheide mit meinem Partner/meiner Partnerin, wer welche Aufgaben übernimmt.

Artikel 6 sagt auch: Der Staat schützt die **Familie**.

Familie heißt Eltern und Kinder.

Es gibt verschiedene Familien:

- Die Eltern müssen nicht verheiratet sein.
- Es gibt ein Kind oder mehrere Kinder.
- Manchmal gibt es nur einen Vater oder eine Mutter.
- Manchmal gibt es mehrere Väter oder mehrere Mütter.

Der Staat schützt alle Familien.

Eltern haben **Rechte** und **Pflichten**.

Sie haben das Recht, ihre Kinder so zu erziehen, wie sie es wollen.

Sie haben die Pflicht, für ihre Kinder zu sorgen.
Kinder brauchen z. B. ein Bett, Essen und Trinken.
Kinder dürfen nicht geschlagen werden.

Der Staat unterstützt die Eltern.

Der Staat achtet auf das Wohl der Kinder. Dabei hilft das Jugendamt.

(1) Alle Deutschen haben das Recht, sich ohne Anmeldung oder Erlaubnis friedlich und ohne Waffen zu versammeln.

(2) Für Versammlungen unter freiem Himmel kann dieses Recht durch Gesetz oder aufgrund eines Gesetzes beschränkt werden.

Artikel 8 sagt: Alle Deutschen dürfen sich **versammeln**.

Eine Versammlung findet statt,
wenn es um eine Meinung oder ein Thema geht.
Ein Konzert, ein Fest oder ein Fußballspiel ist keine Versammlung.

Wenn die Versammlung ihre Meinung äußert, dann heißt sie **Demonstration**.

Wichtig:

Versammlungen sollen **friedlich** sein.
Das heißt: ohne Waffen und ohne Gewalt.

Artikel 8 sagt: Bei Versammlungen „unter freiem Himmel" gibt es Regeln.

Der Staat kann verlangen, dass die Versammlung angemeldet wird.
Dann kann er den Verkehr und die Sicherheit schützen.

Der Staat schreibt manchmal vor, wo die Menschen demonstrieren dürfen.
Das kann Gewalt verhindern.

Demonstrationen sind wichtig für eine Demokratie!

Menschen haben verschiedene Meinungen. (Meinungsfreiheit Artikel 5)

Ich darf meine Meinung sagen.

Durch eine Demonstration wird eine Meinung öffentlich.

Andere Menschen lernen die Meinung kennen.

Sie können dann der gleichen Meinung sein oder auch nicht.

Grundgesetz Artikel 10: Postgeheimnis

(1) Das Briefgeheimnis sowie das Post- und Fernmeldegeheimnis sind unverletzlich.

Artikel 10 sagt: Alle meine Nachrichten sind geschützt.

Das **Post- und Briefgeheimnis** schützt alles, was mit der Post verschickt wird.

Das sind Briefe, Postkarten oder Pakete.

Niemand darf meine Post einfach öffnen und lesen. Das ist verboten.

Auch Eltern, Freunde oder Betreuer dürfen das nicht. Sie brauchen eine Erlaubnis.

Das Fernmeldegeheimnis schützt Nachrichten, die elektronisch verschickt werden, z. B.:

- Telefongespräche
- SMS
- E-Mails
- WhatsApp-Nachrichten

Niemand darf meine Nachrichten einfach lesen oder abhören. Auch hier braucht es eine Erlaubnis.

Auch die Polizei darf Post und Nachrichten nicht lesen oder abhören.

Es gibt nur wenige Ausnahmen, z. B.

- wenn der Verdacht besteht, dass der Mensch ein Terrorist ist.
- wenn der Verdacht besteht, dass der Mensch jemand getötet hat.

Die Polizei darf aber nur mit der Genehmigung eines Richters Nachrichten lesen oder abhören.

(1) Die Wohnung ist unverletzlich.

(2) Durchsuchungen dürfen nur durch den Richter, bei Gefahr im Verzuge auch durch die in den Gesetzen vorgesehenen anderen Organe angeordnet und nur in der dort vorgeschriebenen Form durchgeführt werden.

Artikel 13 sagt: Jede **private Wohnung** ist geschützt.

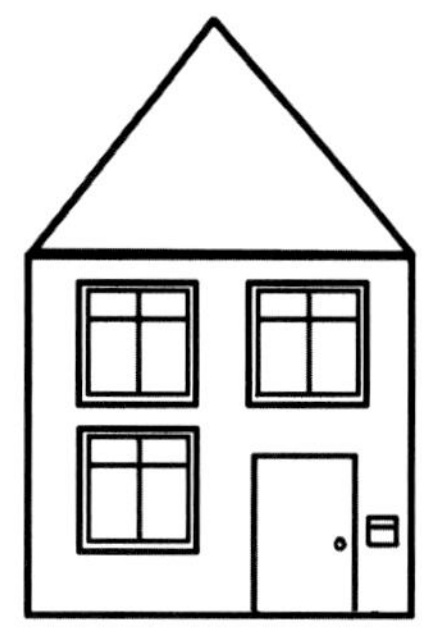

Das sind Räume, in denen ein Mensch lebt.

Zum Beispiel

- eine Wohnung
- ein Zimmer
- ein Haus
- ein Hotelzimmer
- ein Zelt

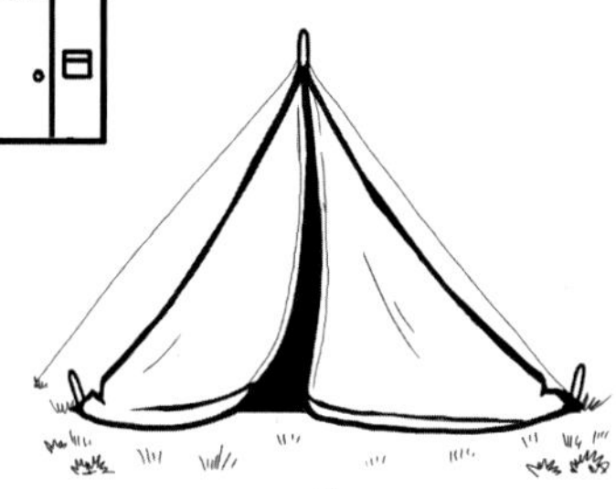

Alle diese Räume heißen in Artikel 13 Wohnung.

Ich soll mich in meiner Wohnung sicher fühlen!

Daher schützt Artikel 13 meine Wohnung.

Ich darf entscheiden, wo und wie ich wohne.
Ich darf meine Möbel selbst aussuchen.
Ich darf entscheiden, wer in meine Wohnung darf und wer nicht.

Niemand darf einfach so in meine Wohnung.

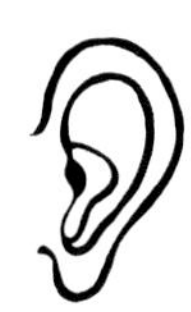

Niemand darf einfach so meine Wohnung abhören:
Niemand darf zuhören, was in meiner Wohnung gesprochen wird.

Es gibt wenige Ausnahmen, z. B.

- wenn der Verdacht besteht, dass der Mensch ein Terrorist ist.
- wenn der Verdacht besteht, dass der Mensch jemanden getötet hat.

Die Polizei darf eine Wohnung nur mit der Genehmigung eines Richters betreten.
Bei einem Notfall darf die Polizei oder die Feuerwehr eine Wohnung öffnen.

Grundgesetz Artikel 16a: Asylrecht

Politisch Verfolgte genießen Asylrecht.

Artikel 16a sagt: **Politisch Verfolgte** werden geschützt. (1)

Das sind Menschen, die in ihrer Heimat verfolgt werden.
Diese Menschen leben in großer Gefahr.
Sie werden z. B. grundlos eingesperrt, verletzt,
gefoltert oder sogar getötet.

Artikel 16a schützt diese Menschen,
wenn sie nach Deutschland flüchten.
Sie dürfen hier Asyl beantragen.

Das Wort Asyl kommt aus der griechischen Sprache.
Es bedeutet *sicher* oder *Heim* oder *Unterkunft*.

Unter Asyl versteht man einen Zufluchtsort
und eine Aufnahme für eine begrenzte Zeit.

Solange der Mensch Asyl bekommt, darf er in Deutschland leben.

Das Asylrecht ist ein schwieriges Recht.

Es sorgt in Deutschland immer wieder für Diskussionen.
Es gibt sehr unterschiedliche Meinungen.
Es gibt es auch Demonstrationen.

In der Nazizeit mussten viele Menschen aus Deutschland fliehen.
Sie waren sehr dankbar, dass andere Länder ihnen Asyl gegeben haben.

Asyl ist ein Menschenrecht. Daher steht es im Grundgesetz.

Jedermann hat das Recht, sich einzeln oder in Gemeinschaft mit anderen schriftlich mit Bitten oder Beschwerden an die zuständigen Stellen und an die Volksvertretung zu wenden.

Artikel 17 sagt:

Jeder hat das Recht, den Staat um etwas zu **bitten**.

Ich habe auch das Recht, mich zu beschweren.
Ich kann mich über die Politik des Staates beschweren.

So eine Beschwerde heißt **Petition**.

Ich kann mit staatlichen Stellen über Probleme oder Ideen reden.
Das kann das Rathaus sein oder der Bürgermeister.

Ich kann in einem Brief Beschwerden oder Wünsche äußern.
Das kann z. B. an das Rathaus,
aber auch an den Land- oder Bundestag gehen.

Das ist sehr wichtig für eine Demokratie!

Der Staat vertritt die Menschen und ist für sie da.
Daher sollen staatlichen Stellen und die Menschen miteinander sprechen.

Für Petitionen gibt es Regeln:

- Ich muss dic Wünsche oder Beschwerden aufschreiben.
- Ich muss meinen Namen angeben.
- Ich schicke die Petition an eine staatliche Stelle, z. B. das Rathaus, das Landratsamt, den Land- oder Bundestag, …
- Schicke ich die Petition an eine Stelle, die nicht zuständig ist, dann muss sie die Petition an die richtige Stelle schicken.
- Eine Petition muss bearbeitet werden.
- Ich bekomme das Ergebnis mitgeteilt. Es muss nicht begründet werden.

Was sind Kinderrechte?

Jeder Mensch hat Rechte, z. B. das Recht auf Freiheit oder das Recht auf Gleichheit.

→ Das sind Menschenrechte.

Erinnere dich:

- **Idee in der „Zeit der Aufklärung“**
- **Grundgesetz**

Kinder sind Menschen.

- Sie haben aber besondere Bedürfnisse.
- Sie müssen besonders geschützt werden.

Daher gibt es Kinderrechte. Die Kinderrechte gelten für alle Kinder der Welt.
Das funktioniert aber leider nicht überall!

Am 20. November 1989 haben Politiker fast aller Staaten der Welt dem Vertrag über die Kinderrechte zugestimmt.

Der Vertrag heißt „Kinderrechtskonvention“.

Seit dem 5. April 1992 gelten die Kinderrechte auch in Deutschland.
Die Politiker im Bundestag haben dafür gestimmt.

Gleichheit

Kein Kind darf benachteiligt werden.

Gesundheit

Kinder sollen gesund leben können.

Bildung

Kinder sollen in die Schule gehen und einen Beruf lernen dürfen.

Freie Meinungsäußerung

Kinder sollen ihre eigene Meinung bilden und äußern können. Sie sollen mitbestimmen können.

Freizeit, Spielen und Erholen

Kinder sollen freie Zeit haben, spielen dürfen und sich erholen.

Elterliche Fürsorge

Kinder sollen möglichst bei ihren Eltern aufwachsen. Manchmal kümmern sich Pflegeeltern.

Gewaltfreie Erziehung

Kinder sollen ohne Gewalt aufwachsen und erzogen werden.

Schutz im Krieg

Kinder sollen im Krieg und auf der Flucht besonders geschützt werden.

Privatleben

Kinder sollen in ihrem Zimmer ungestört allein sein dürfen. Niemand darf einfach ihre Post lesen.

Fürsorge bei Behinderung

Kinder mit Behinderungen sollen besonders gefördert werden.

Kinder- und Jugendrechte in Deutschland

Rechte, die für dich ab einem bestimmten Alter gelten:

Von Geburt an hast du das Recht auf einen Namen und eine Nationalität.	
Wenn du **12 Jahre** alt bist, darfst du • mit Erlaubnis deiner Eltern einen Pass beantragen (Kinderpass). • im Auto ohne Kindersitz mitfahren. • mit der Erlaubnis deiner Eltern ein Bankkonto eröffnen.	
Wenn du **13 Jahre** alt bist, darfst du • leichte Arbeiten im Geschäft deiner Eltern/in der Landwirtschaft übernehmen. • Zeitungen austragen (mit Zustimmung der Eltern).	
Wenn du **14 Jahre** alt bist, • darfst du den Angelschein machen. • hast du das Recht auf freie Religionswahl. • bist du strafmündig nach dem Jugendstrafrecht.	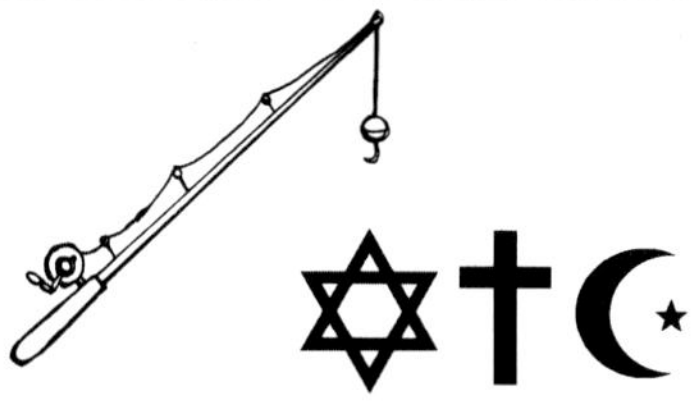
Wenn du **15 Jahre** alt bist, • darfst du während der Ferien oder am Samstag arbeiten. • darfst du einen Mofa-Führerschein machen.	
Wenn du **16 Jahre** alt bist, • kannst du Wein und Bier kaufen. • darfst du bis 24 Uhr allein eine Disco oder ein Kino besuchen. • kannst du einen Moped-Führerschein machen. • beginnt für dich die Eidesmündigkeit. Das bedeutet, dass du schwörst, als Zeuge vor Gericht die Wahrheit zu sagen. • besitzt du einen Personalausweis. • darfst du einen Organspendeausweis ausfüllen. • darfst du getrennt von deinen Eltern in einer eigenen Wohnung leben. • darfst du mit Erlaubnis deiner Eltern heiraten.	
Wenn du **18 Jahre** alt bist, • darfst du in der Öffentlichkeit rauchen. • darfst du wählen gehen. • darfst du ohne Erlaubnis heiraten. • darfst du deinen Auto-Führerschein machen.	

Erinnere dich:

Ich kann selbst denken. (Aufklärung)

Ich habe das Recht auf meine eigene Meinung. (Grundgesetz Artikel 5)

Ich darf meine Meinung öffentlich sagen oder schreiben.

Das nennt man Meinungsfreiheit!

Meine eigene Meinung – das ist gar nicht so leicht.

Woher kommt die eigentlich?

Es gibt viele Einflüsse auf meine Meinung. Das muss ich wissen!

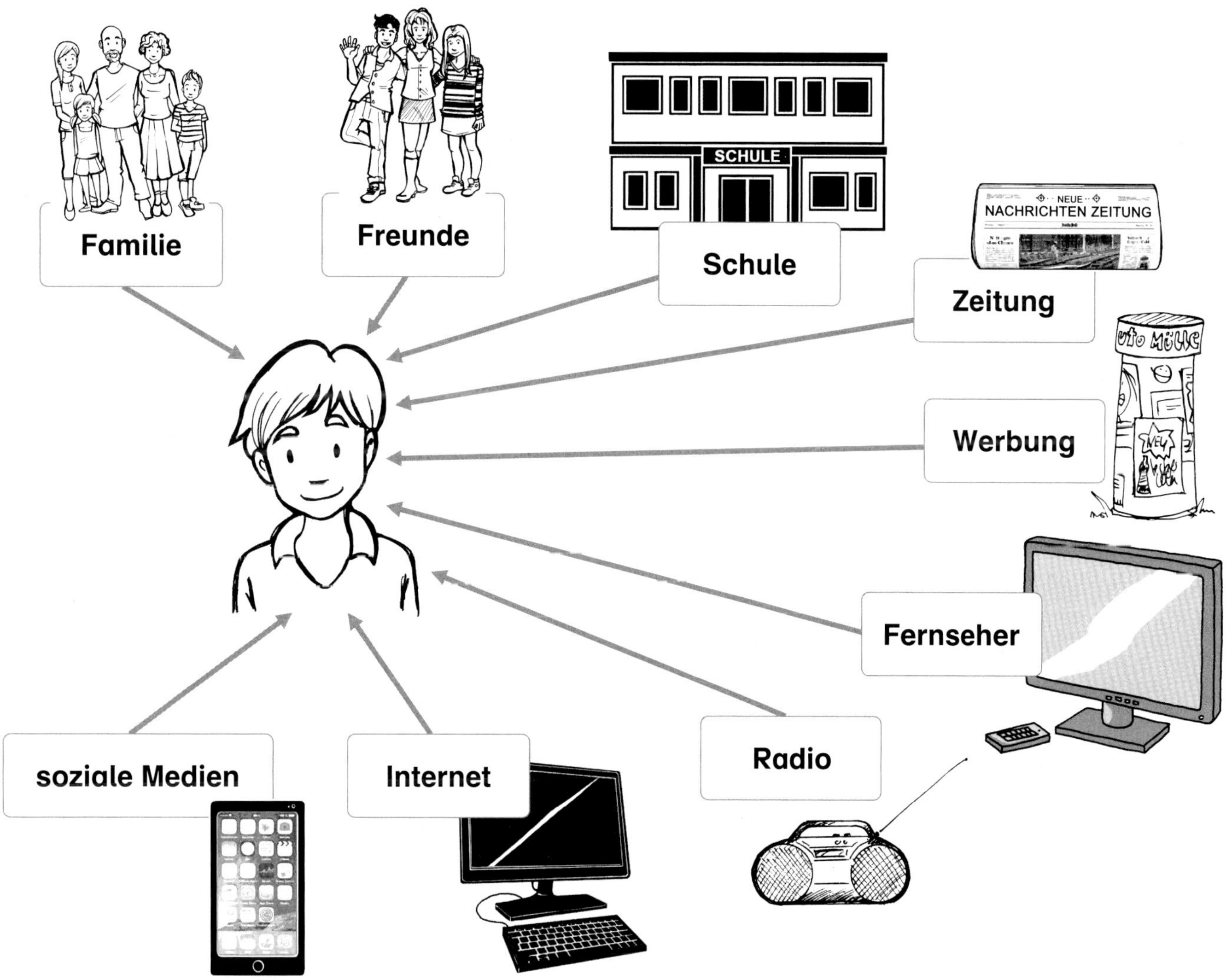

Welche Einflüsse sind gut?

Bei welchen muss ich vorsichtig sein?

Meine Meinung – Deine Meinung

Erinnere dich:

Ich kann selbst denken. (Aufklärung)

Ich habe das Recht auf meine eigene Meinung. (Grundgesetz Artikel 5)

Ich darf meine Meinung öffentlich sagen oder schreiben.

Das nennt man Meinungsfreiheit!

Jeder andere Mensch darf auch seine Meinung haben.

Diese Meinung kann ganz anders sein als meine!

Das ist nicht immer einfach auszuhalten:

- Ich darf mir die andere Meinung anhören.
- Ich darf mir Gedanken dazu machen.
- Ich darf diskutieren und widersprechen.
- Ich darf meine Meinung auch ändern, wenn mir die andere gefällt.

Es gibt nicht eine richtige Meinung.

Es gibt verschiedene Sichtweisen!

Meinungsaustausch ist wertvoll für meine eigene Meinung!

Wichtig: Ich muss Respekt haben vor dem anderen!
Auch er hat das Recht auf seine Meinung.

nicht auslachen
nicht verletzen
nicht ärgern

So geht's:

freundlich bleiben

Es gibt auch Grenzen!

- Ich darf die Grundrechte der anderen nicht verletzen.
- Ich darf niemanden beleidigen.
- Ich darf niemanden bedrohen.
- Ich darf nicht zu Gewalt oder Hass aufrufen.

Das gilt im Gespräch und im Internet!

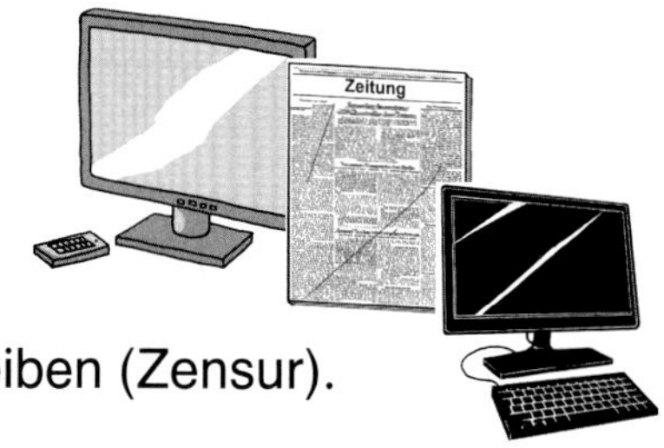

Medien sind wichtig für die Demokratie.

Daher gibt es im Grundgesetz Artikel 5 die „Pressefreiheit“.

- Medien dürfen über das berichten, was ihnen wichtig ist.
- Es gibt niemanden, der ihnen sagt: Das darfst du nicht schreiben (Zensur).
- Medien helfen mir, meine Meinung zu finden.
- Medien helfen mir, bei Themen mitwirken zu können.

Viele Medien haben eine bestimmte Absicht.
Das muss ich wissen!

Es gibt viele verschiedene Medien.

Viele haben eine bestimmte Absicht.

Ein paar Beispiele:

<table>
<tr><td>Zeitungen</td><td>

Firma XY verdient 2 Mio. € im Jahr</td><td>• Eine Wirtschaftszeitung schreibt über den Gewinn der Firma.
• Eine Arbeiterzeitung schreibt über die Arbeitsbedingungen der Firma.
• Eine Parteizeitung schreibt über die Meinung der Partei zu der Firma.
• Eine Umweltzeitung schreibt über Umweltverschmutzungen der Firma.
• Die Firmenzeitung schreibt über die Verdienste der Firma.</td></tr>
<tr><td>Fernseher</td><td>
Überflutung eines Flusses</td><td>• Öffentlich-rechtlicher Sender berichtet über Schäden der Flut.
• Privater Sender meldet: „Katastrophen-Flut bringt Menschen um“.
• Film-Sender berichtet gar nichts.
• Sport-Sender berichtet gar nichts.</td></tr>
<tr><td>Internet/
soziale Medien</td><td>

Busunfall</td><td>• Onlinezeitungen berichten über Unfall, Verletzte und Schaulustige.
• Private Seiten zeigen Fotos vom Unfall, evtl. Handyfilme.
• Soziale Medien zeigen Live-Filme von Verletzten oder gar Toten.
• Soziale Medien zeigen Selfies vor den Verletzten oder gar Toten.
• Messenger-Dienste veröffentlichen Beiträge von Unfallbeteiligten und Schaulustigen.</td></tr>
</table>

Ich achte darauf, wo ich etwas lese, sehe oder höre.
Ich überlege gut, was ich davon glaube und was nicht.

Kompromiss

Schau dir das Bild an. Diskutiere mit deinem Partner darüber.

In Deutschland darf jeder seine Meinung äußern.
Darum sind mache Entscheidungen auch sehr schwer.
Es gibt sehr unterschiedliche Sichtweisen.
Wie die Esel oben ziehen die Meinungen oft in ganz andere Richtungen.

Kompromisse sind wichtig für die Demokratie.

Kompromiss heißt,

- nachzudenken und miteinander zu reden.
- auf den anderen zuzugehen (jeder macht Zugeständnisse).
- eine gemeinsame Lösung zu finden.

Ohne Kompromisse gibt in der Demokratie keine gemeinsamen Lösungen!

In diesem Teil geht es um das Erlernen und Erfahren von Mitbestimmungsmöglichkeiten – also um ein Lernen *durch* Demokratie. In der Schule geht es dabei nicht um eine Simulation von demokratischen Strukturen, sondern um eine an den Kompetenzen der Schüler angepasste und lebensweltspezifisch gestaltete Praxis von Mitbestimmung. Die Schüler gehen also demokratisch in Aktion und erfahren, wie und dass sie etwas beeinflussen und erreichen können. Sie erleben sich als selbstwirksam und eben nicht als „denen da oben ausgeliefert". Die Mitbestimmung kann ganz klein in der Klasse beginnen, geht über eine demokratische Kultur an der Schule bis über die Schule in die Gesellschaft hinaus. Zu diesen Punkten gibt es wieder Erläuterungen, praktische Ideen und elementare Arbeitsmaterialien. Mit diesen Maßnahmen in der Schule wird die demokratische Handlungskompetenz der Schüler gefördert. Für die Schule bietet sich ein breites Feld für eine Schul- und Qualitätsentwicklung hin zu einer demokratischen Kultur.

2.1 Mitbestimmung in der Klasse

In diesem Kapitel geht es um die ganz konkreten Ideen im Kleinen, die sich sofort und fast täglich in der Klasse umsetzen lassen. Die Schüler sollen die Erfahrungen machen, dass sie entscheiden, dass sie mitbestimmen und etwas bewegen können. Dazu können die Abstimmungskarten (Material 34–36) hilfreich sein, damit sich auch wirklich alle Schüler beteiligen können.

Wichtig: Auf der Ebene der Klasse lassen sich durch Differenzierung tatsächlich alle Schüler einbeziehen. Grundlegend ist die Erfahrung der Selbstwirksamkeit: Ich agiere – dann bekomme ich eine Reaktion.

Selbstwirksamkeit

Passend für den Bereich „Selbstwirksamkeit" sind auch die Materialien 1 und 37. Die Schüler sollen vielfältig im Schulalltag die Erfahrung machen, dass sie etwas bewirken und mitbestimmen können.

Spielidee zur Selbstwirksamkeit: Stark oder schwach?

1. Durchlauf: Zwei Partner stehen sich gegenüber. Einer drückt den anderen an den Armen weg und sagt laut zu sich: „Ich bin schwach."
2. Durchlauf: gleiche Übung, aber der Drückende sagt laut zu sich: „Ich bin stark."

Reflexion: Wie hat es sich jeweils angefühlt, wie hat es der Partner gespürt?

Ziel: Hier wird die Selbstwirksamkeit schnell spürbar. Ich entscheide, ob ich stark oder schwach bin!

Mitbestimmungsideen für den schulischen Alltag der Klasse:

- **Zutaten beim gemeinsamen Frühstück/Pause**
  Das ist eine gute Möglichkeit, alle Schüler mitbestimmen zu lassen, welche Zutaten es geben soll oder ganz konkret, womit das Brot belegt werden soll.
- **Ausflug/Wandertag**
  Auch bei der Auswahl eines Ortes für Ausflug oder Wandertag kann man die Schüler mitbestimmen lassen (vorgegebene Liste oder auch Schülervorschläge).

- **Klassenkasse**
  Es kann gemeinsam entschieden werden, was mit Einnahmen, z. B. von einem Fest, geschehen soll (Eis essen, Frühstück, Wandertag usw.).
- **Unterrichtsinhalt**
  Bei manchen Fächern ist es möglich, die Schüler bei der konkreten Ausgestaltung des Themas mitbestimmen zu lassen. Dies erhöht die Identifizierung mit dem Inhalt.
- **Projekt/Vorhaben**
  Die Schüler können unterschiedliche Projektideen einbringen und darüber abstimmen oder aus vorgegebenen Ideen auswählen. (Material 46)
- **Kochrezepte**
  Im Hauswirtschaftsunterricht kann über Kochthemen (z. B. Kartoffelgerichte, Gemüse im Herbst usw.) oder konkrete Rezepte abgestimmt werden.
- **Schullandheim/Freizeitwoche**
  Zum Beispiel im Klassenrat werden alle Ideen eingebracht, diskutiert und danach wird beschlossen, was verwirklicht werden soll. Falls man die Möglichkeit hat, Gruppen zu bilden, so kann man auch zwei bis drei Angebote pro Tag zur Auswahl planen, die dann vor Ort gewählt werden können.
- **Mitbestimmung bei Feedback-/Reflexionszielen**
  Wenn mit Feedback-/Reflexionszielen (siehe 2.3 und 3.2) gearbeitet wird, sollten diese von den Schülern mitbestimmt werden.

Klassensprecher

Eine weitere wichtige Mitbestimmungsmöglichkeit ist die Arbeit mit den Klassensprechern. Im Material 38 werden die Aufgaben eines Klassensprechers einfach erklärt. Das Material 39 stellt die Wahl des Klassensprechers übersichtlich dar.

> **Tipp**
> Bitte denken Sie daran, dass die Klassensprecher auch immer wieder Aufgaben übernehmen können. Eine gute und regelmäßige Möglichkeit ist die Leitung des Klassenrates.

Klassenrat

Der Klassenrat ist eine basisdemokratische Form gemeinsamer Aushandlungs- und Entscheidungsprozesse. Alle Schüler und die Lehrkraft übernehmen gemeinsam die Verantwortung für das Leben und Lernen in der Klasse. Es werden Verantwortlichkeiten geübt, Diskussionen geführt, Sachen abgestimmt, Konflikte verhandelt, Probleme gelöst, …

Durch die Leitfragen in Material 40 wird dem Klassenrat eine ganz einfache und elementare Struktur gegeben. Dennoch werden aktuelle Gefühlslagen, Stimmungen, positive Rückmeldungen wie auch Probleme oder Streitigkeiten niederschwellig aufgegriffen. Die Leitung des Klassenrats (Fragesteller), z. B. die Klassensprecher, stellt jedem Schüler nacheinander die jeweilige Frage und gibt damit eine klare Struktur des Ablaufs vor.

Die Protokollvorlage (Material 41) ist ebenfalls ganz einfach gehalten. Je nach Fähigkeiten der Schüler übernimmt dies die Lehrkraft oder einzelne Schüler evtl. mit Unterstützung.

Mögliche Ämter im Klassenrat (es muss nicht jedes Amt besetzt sein):

Fragensteller (stellt Fragen und leitet den Ablauf; kann eine Person sein oder je Frage wechseln; kann, aber muss nicht Klassensprecher sein)	**Teilnehmer** (wird gefragt, äußert sich, diskutiert, stimmt mit ab; Unterstützung durch UK, Symbole usw. hilfreich; auch andere Rollen sind Teilnehmer und werden befragt)
Aufpasser (greift bei Störungen ein, lenkt wieder zum Thema hin)	**Protokollant** (schreibt Protokoll, evtl. Unterstützung durch vorgegebene Struktur, Symbole, ...)
Zeitwächter (achtet darauf, dass keiner zu lange redet, dass die Diskussion nicht zu lange dauert, dass der Klassenrat beendet wird; evtl. mit großer Uhr oder Sanduhr unterstützen; Zeiten vorher vereinbaren)	**Lehrer** (zieht sich mehr und mehr zurück, Ziel: nur Teilnehmer/beratendes Mitglied; eigentlich kein Stimmrecht)

Jede Klasse ist anders und damit ist jeder Klassenrat individuell ausgeprägt und muss immer wieder an die Schüler angepasst werden. Auf jeden Fall ist er absolut lohnend, denn er ist ein mächtiges Instrument für das Klassenklima und das demokratische Zusammenleben in der Klasse.

2.2 Mitbestimmung in der Schule

Bei der „Schulinnenpolitik", der demokratischen Schulkultur, geht es um Elemente wie die Klassensprecherversammlung (oder Schülerparlament), um Wahlen und Abstimmungen, um gemeinsame Projekte usw. Im Material 42 wird der Begriff SMV erklärt und Schülermitbestimmungsmöglichkeiten vereinfacht aufgezeigt.

Ideen für eine demokratische Schulkultur:

- *SMV-Klassensprecherversammlung (Material 43):*

  Etwa einmal pro Monat treffen sich alle Klassensprecher in der Klassensprecherversammlung, dem Entscheidungsorgan der SMV. Hier können Ideen und Wünsche aus den Klassen eingebracht, diskutiert und darüber abgestimmt werden. Bei jeder Sitzung wird ein Protokoll geschrieben, damit die Klassensprecher anschließend ihre Klassen informieren können.

  Dabei ist es wichtig, dass jede Idee erst einmal ernst genommen und ins Protokoll geschrieben wird. So kann z. B. der Wunsch nach einer großen Wasserrutsche im Schwimmbad bei den Verantwortlichen angesprochen (am besten mit den Schülersprechern) oder ein Brief geschrieben werden. Beim nächsten Treffen wird dann von dem Gespräch mit den Verantwortlichen berichtet oder ggf. die schriftliche Antwort vorgelesen. Falls die Idee abgelehnt wird, wird die Absage auf diese Weise mit Argumenten belegt. Dies hat eine ganz andere Wirkung als die sofortige Ablehnung mit den Worten „Das geht doch eh nicht!". Andererseits werden so manchmal Dinge ermöglicht, die man selbst nie erwartet hätte.

- *Wahl der Schülersprecher (Material 44):*
  Die Schülersprecher können in der Klassensprecherversammlung gewählt werden. Noch mehr Identifizierung aller Schüler mit diesem Amt bringt eine Wahl der gesamten Schule. Dafür können Wahlplakate erstellt und es kann evtl. Wahlwerbung betrieben werden. An einem Wahltag kommen alle Schüler zusammen („Schulvollversammlung"), die Kandidaten stellen sich vor und dann wird geheim in Wahlkabinen gewählt.

- *Vertrauenslehrer (Material 45):*
  Der Vertrauenslehrer kann von den Klassensprechern oder allen Schülern gewählt werden. Er nimmt eine Vermittlerrolle ein, daher wird er manchmal auch Verbindungslehrer genannt. An einigen Schulen gibt es auch die Funktion des SMV-Koordinators, der ebenfalls die Rolle des Vertrauenslehrers übernehmen kann.

- *Beispiele für konkrete SMV-Projekte (Material 46):*
  - Schulfeier, SMV-Aktion organisieren
  - SMV-Fahrt mit der ganzen Schule (z. B. Freizeitpark, Kino, ...) organisieren
  - Aufräumaktionen, Anschaffung von Müllzwickern, Müllpausendienst durchführen
  - Spendentag organisieren

  Projekte sind die „Hochform" der Gelegenheit zur Anwendung von Kompetenzen demokratischer Handlungsfähigkeit (selbstbestimmtes Handeln, kompetente Nutzung moderner Medien, Zusammenarbeit in Gruppen, ...). Durch die gemeinsame Planung, die gleichberechtigte Beteiligung, die gemeinsam abgestimmte Organisation und Arbeit, die sozialen Prozesse und die abschließende Präsentation sind sie demokratisch gestaltete Praxis. Sie können natürlich auch in der Klasse durchgeführt werden.

- *Schulforum:*
  Etwa zwei- bis dreimal im Schuljahr trifft sich ein Forum aus Schüler-, Eltern- und Lehrervertretern, um über aktuelle Dinge in der Schule zu diskutieren und Entscheidungen zu fällen.

- *Schulvollversammlung:*
  Bei einer Schulvollversammlung treffen sich alle Schüler der Schule, z. B. in der Aula, im Mehrzweckraum oder in der Turnhalle. Thema kann z. B. die Wahl der Schülersprecher sein. Ein schöner Anlass ist eine Abschlussvollversammlung gegen Ende des Schuljahres, bei der auf das vergangene Schuljahr zurückgeblickt wird, Ergebnisse der SMV präsentiert und Leistungen von Schülern gewürdigt werden (z. B. Urkunden, Sportabzeichen, Lesewettbewerb usw.).

2.3 Feedback-Kultur

Nach der internationalen Studie von Hattie hat das Feedback eine sehr hohe Effektstärke für den Lernerfolg. Für eine demokratische Feedback-Kultur ist das Ziel, den Schülern Stück für Stück mehr Verantwortung für ihr Lernen und das Zusammenleben in der Klasse zu übertragen. So ist nicht mehr der Lehrer der Alleinverantwortliche und -unterhalter, sondern die Schüler reflektieren sich (und ihre Mitschüler) und geben wertschätzende Rückmeldung. Daher sind die Punkte Feedback und Reflexion (3.2) sehr eng verzahnt.

Durch eine gute Feedback-Kultur können folgende Punkte gestärkt werden:
- die persönliche Würdigung der Anstrengungen und damit Motivationssteigerung
- vertrauensvolle Zusammenarbeit und gegenseitige Akzeptanz
- gegenseitiger Einblick und Interesse an der Sichtweise der anderen

Tipp:
Vertrauen vor Kontrolle: Auch wenn es schwer fällt – trauen Sie den Schülern Stück für Stück mehr Verantwortung für ihr Tun zu. Zum einen kann es Sie entlasten und zum anderen die Schüler stärken!

Schüler-Schüler-Feedback

So können z. B. 2–3 Schüler abwechselnd in einer Stunde, einer Arbeitsphase, beim Weg zur Turnhalle und in der Pause eine Beobachterrolle einnehmen. Nach Abschluss der Phase bekommen diese eine kurze Zeit, ihr Feedback zu ihren Beobachtungen der ganzen Klasse zu geben. Dies kann mit dem Daumen, mit dem Material 47 als Feedback-Leitfaden oder auch rein verbal geschehen. Mit den Schülern sollte dabei geübt werden, dass Kritik wertschätzend geäußert werden kann („das können wir noch besser machen, indem …") und vor allem das positive Feedback wichtig ist und stärkt („die Gruppe … hat sehr ruhig gearbeitet" oder „… ist am Gang langsam und leise gelaufen").

Feedback-Schwerpunkte können z. B. Gesprächsregeln (Material 67) oder Reflexionsziele (Material 64) sein. Diese Schwerpunkte sind dann vorher mit den Beobachtern zu klären.

Lehrer-Schüler-Feedback

Natürlich bleibt aber auch das Feedback durch den Lehrer sehr wichtig für die Schüler. Ein individuelles Lob für die Anstrengung ist entscheidend für die weitere Lernmotivation. Daher ist es wichtig zu bedenken, wie ein gutes Lob aussehen sollte (nach Hattie):

- **Kurz, knapp und effektiv**
  Beobachtung beschreiben, aber nicht bewerten („gut" oder „bemühe dich mehr" ist nicht zielführend)
- **Aufgabenbezogenes Feedback**
  vorher klare Aufgabenstellung überlegen bzw. vereinbaren
- **Prozessbezogenes Feedback**
  auf den Lernweg bezogen, alternative Lernwege und verschiedene Lernstrategien ergänzen
- **Feedback über Selbstregulation**
  den Prozess des Lernens beobachten, einschätzen und beschreiben
- **„Persönliches" Feedback?!**
  Auf persönlicher Ebene gibt es nach Hattie keine lernrelevanten Rückmeldungen (z. B. „du bist eine gute Schülerin"). Hier kann aber der Beziehungsaspekt gestärkt werden, der gerade für Schüler mit Förderbedarf sehr wichtig sein kann. Daher ist umso mehr auf eine wertschätzende Wortwahl zu achten!

Schüler-Lehrer-Feedback

Zu einer demokratischen Schule gehört auch, dass die Schüler dem Lehrer Feedback geben können. Für die Lehrkraft können dies wertvolle Rückmeldungen für ihre Unterrichtsinhalte und -methoden sein, was für die weitere Planung genutzt werden kann. Eine schnelle Feedback-Methode ist die unter 3.2 beschriebene Zielscheibe (Material 63), die unkompliziert und schnell visualisiert, welche Ziele wie erreicht wurden.

Wer ein noch gezielteres Feedback zu sich haben möchte, kann sich von seinen Schülern auch ein Lehrerzeugnis ausstellen lassen. Zwei Beispiele sind unter Material 48 zu finden.

Eltern-Feedback

Natürlich gehören zu einer demokratischen Schule auch die Eltern. Eine gute Möglichkeit für ein Feedback zum Lernstand des Schülers ist neben den Elterngesprächen ein gut vorbereitetes Lernentwicklungsgespräch. Dies wird mit dem Schüler im Beisein der Eltern geführt und mit gegenseitigen Einschätzungen vorbereitet. An immer mehr Schulen ersetzt so ein Gespräch das Zwischenzeugnis. Ebenso können die Förderziele gemeinsam erarbeitet werden.

2.4 Schulzeitung

Bei der Demokratiepädagogik stößt man immer wieder auf das Thema Medien. Anknüpfungspunkte sind das Grundgesetz (1.4) mit dem §5 zur Meinungs- und Pressefreiheit, vertieft im Punkt 1.6 Meinungsfreiheit, dem Wissen über (1.7) und dem Umgang mit Medien (3.8).

Beim eigenständigen Erstellen einer Schulzeitung (oder Homepage) lassen sich alle diese Aspekte wunderbar zusammenführen und praktisch erproben. Die Schüler können über Aktionen an der Schule berichten, eigene Hobbys aufgreifen oder gar politische Themen beleuchten.

Ziel sollte dabei sein, dass es sich um eine Schulzeitung handelt. Das heißt, die Schüler sollen die Themen bestimmen dürfen und möglichst viel möglichst selbständig erarbeiten. Der Lehrer sollte nur den Rahmen und die Struktur anbieten und seine Rolle als Helfer und Unterstützer sehen. Durch eine vorgegebene Word-Vorlage ist ein Artikelaufbau vorstrukturiert und ein einheitliches Layout kein Problem.

Hinweis:
Für viele Schüler mit Förderbedarfen ist das Schreiben eine schwierige und langwierige Angelegenheit. Dennoch sollte es der Lehrer nicht übernehmen, sondern individuelle Hilfen anbieten. Durch Fotos und Recherche im Internet können auch diese Schüler schnell eigene Erfolge erzielen.

Mit dem Material 49 kann mit der Schulzeitungsredaktion erarbeitet werden, welche Qualitätsmerkmale ein guter Artikel haben sollte. Dies wäre für einen Schulzeitungsartikel natürlich etwas hoch gegriffen, aber im Zusammenhang mit den o. g. Anknüpfungspunkten und der häufig geäußerten Kritik an der Glaubwürdigkeit von Medien ist die Auseinandersetzung mit Gütekriterien dennoch wichtig.

Häufig bieten auch Redaktionen von lokalen Tageszeitungen Besuchsmöglichkeiten oder Medientage an. Dies gestattet den Schülern einen Blick in eine „echte“ Redaktion, in die Arbeit von Reportern und die Entstehung und der Druck einer richtigen Zeitung. Solche Angebote sollten mit einer Schulzeitungsredaktion oder auch mit einer Klasse durchaus wahrgenommen werden.

2.5 Mitbestimmung über die Schule hinaus

Jede Schule ist meist sehr individuell geprägt und sehr unterschiedlich in die regionale Struktur eingebunden. Daher werden hier viele unterschiedliche Ideen aus der Praxis vorgestellt und mit Programmbeispielen und Workshopvorschlägen ergänzt (Material 50 und 51).

Tipp

Lassen Sie sich von den Ideen inspirieren und anstecken. Schauen Sie, was sich in Ihrer Region verwirklichen lässt. Auch wenn es ein gewisser Aufwand ist, auf jeden Fall sind solche Veranstaltungen ein lohnendes Erlebnis – für Sie und v. a. für die Schüler!

- *Wahl des Regionalschülersprechers:*
  In vielen Regionen werden einmal im Jahr in einer Schülersprecherversammlung, bei der alle Schülersprecher mit ihren Vertretern aus allen Förderschulen einer Region anwesend sind, der Regionalschülersprecher und dessen Vertreter gewählt.
- *Regionalschülersprechertag (Material 50):*
  Mancherorts wird zu einer eintägigen Tagung für die Schülersprecher aller Förderschulen eingeladen (z. T. Aussprachetagung genannt). Dort gibt es z. B. Reden, einen Bericht der gewählten Regionalschülersprecher, kulturelle Beiträge und Workshops (Material 51).
- *SMV-Tagung (Material 50):*
  Die Vernetzung mit anderen Schulen ist für alle bereichernd. So könnte eine anderthalbtägige SMV-Tagung an wechselnden Schulstandorten organisiert werden. Durch Mittagsangebote, Workshops (Material 51), selbst geplantes Abendprogramm, gemeinsames Essen und Übernachtung entsteht eine sehr intensive Erfahrung für die Teilnehmer, bei der die Schüler sich über die eigene Schule hinaus austauschen können.
- *Regional-Schülersprecher-Coaching (Material 50)*
  Die gewählten Regionalschülersprecher werden oft sofort nach der Wahl zu SMV-Veranstaltungen eingeladen, oftmals mit den anderen Schularten zusammen. Dort wird dann über Anträge abgestimmt, Strukturen diskutiert, Plakate oder Präsentationen erstellt – eine Überforderung für viele Schüler mit Förderbedarf. Daher können sie bei einem Coaching zusammen mit anderen Schülersprechern auf diese Aufgaben vorbereitet werden
- *Regionale Streitschlichterausbildung (Material 50 + 3.7)*
  Es ist sinnvoll, die Streitschlichter in einer kompakten 3-tägigen Ausbildung zu schulen (wöchentliche Übungsstunden würden die Vorbereitung ewig hinziehen). Zu diesen Ausbildungstagen können gut auch andere Schulen (3–4 mit jeweils 6 „Auszubildenden") und Schularten dazukommen. Dies bereichert die Erfahrungen und Übungen für die Schüler und verteilt die Vorbereitung auf mehrere Schultern.
- *Austausch mit regionalen Politikern*
  Relativ unkompliziert lässt sich ein Gespräch mit örtlichen Politikern organisieren. Auch ein Besuch beim Bürgermeister im Rathaus bietet eine gute Möglichkeit, die Kommunalpolitik kennenzulernen.

- *Fahrt in den Land-/Bundestag*
  Land- und Bundestagsabgeordnete aus dem Heimatwahlkreis können Schülergruppen in den Land- oder Bundestag einladen. Dieser Blick hinter die Kulissen des Parlaments, die beeindruckenden Plenarsäle und das Gespräch mit dem Abgeordneten sind eine große Bereicherung und eine wertvolle demokratiepädagogische Erfahrung für die Schüler nach dem Motto „die da oben mit denen da unten".

- *Beteiligung an offiziellen Jugendwahlen*
  Vor wichtigen Wahlen kann sich die Schule an „Jugendwahlen" beteiligen. Teilweise werden diese in der Region organisiert oder man beteiligt sich an der Junior-Wahl des Kumulus e. V. Für die Schüler wird es dann richtig ernst. Im Unterricht werden Parteien und Programme besprochen, der Wahl-O-Mat kann getestet werden und an einem festen Termin wird dann tatsächlich an die Wahlurne gegangen. Die Ergebnisse der Wahl können dann schulintern, regional und teilweise auch bundesweit ausgewertet werden.

- *Inklusion:*
  Dies alles ist natürlich auch im inklusiven Rahmen denkbar. Die Erfahrung zeigt aber, dass Schüler mit Förderbedarf eher selten als Klassensprecher gewählt werden. Damit fallen viele Mitbestimmungsmöglichkeiten über die Schule hinaus weg. Schüler mit Förderbedarf können an konkreten Projekten etwas lernen und mitbestimmen. Strukturelle Diskussionen über Ausfallzeiten oder das Schulsystem (wie sie Schüler an Realschulen oder Gymnasien in diesen Gremien durchaus führen) sind dagegen meilenweit entfernt von Beteiligungsmöglichkeiten für Schüler mit Förderbedarf. Dennoch wäre es wichtig, wenn diese Schüler ebenso eine Vernetzung über die Schule hinaus erfahren dürften, evtl. also mit speziellen Angeboten.

2.6 Schriftliche Mitbestimmungsmöglichkeiten

Im Grundgesetz ist in Artikel 17 garantiert, dass jeder das Recht hat, den Staat etwas zu bitten oder sich zu beschweren. Viele Dinge, die Schüler im Schulalltag mitbestimmen können, lassen sich am schnellsten mit einem Gespräch oder einer Diskussion angehen. Zudem fällt es vielen Schülern mit Förderbedarf schwer, zu schreiben und zusätzlich die Gedanken in treffende Wörter und Sätze zu bringen.

Hinweis:
Trotzdem sollen die Schüler kennenlernen, dass man dieses Recht hat und auch Gebrauch davon machen kann. Es ist wertvoll, diesen Prozess einmal mit den Schülern zusammen auszuprobieren.

So kommen von den Schülern oftmals Ideen oder Wünsche, die man in der Schule nicht allein klären und verwirklichen kann. Diese Wünsche kann man aufgreifen und mit den Schülern zusammen dazu ein Schreiben verfassen, dass man an die zuständige Stelle schickt. Mit einer Antwort darauf merken die Schüler, dass sie mit ihren Gedanken ernst genommen werden. Auch wenn es nicht verwirklicht werden kann, so wird zumindest erklärt, warum dies nicht möglich ist. Wiederum eine wertvolle demokratiepädagogische Erfahrung.

Beispiele:

- Schüler können einen Brief an einen Förderverein schreiben, in dem sie um finanzielle Unterstützung für einen SMV-Aktionstag bitten.
- Schüler können einen Brief an das Rathaus (oder den Schulträger) formulieren, in dem sie sich neue Pausenspielgeräte wünschen. Das wäre schon eine Art Petition.
- Schüler können einen Antrag an die Landesschülerkonferenz stellen, dass diese sich beim Kultusministerium dafür einsetzt, dass bei regionalen Sportfesten für die Schüler keine Kosten entstehen.

Als unterstützendes Material kann hierfür der Artikel 17 (Petition) aus dem Grundgesetz aus dem Punkt 1.4 (Material 26) als rechtliche Grundlage verwendet werden. Dass es die Wege Brief/Mail, Antrag oder Petition gibt, wird im Material 52 beschrieben. Welche Regeln die Schüler für schriftliche Mitteilungen beachten sollen, können mit dem Material 53 erarbeitet werden.

2.7 Demokratische Entscheidungen

Bei allen Mitbestimmungsfeldern in der Demokratie und auch in der Schule muss es irgendwann zu einer Entscheidung kommen. In diesem Kapitel sollen daher die Wege zur Entscheidungsfindung beleuchtet werden.

Jeder dieser Wege hat Vor- und Nachteile. Daher sollte jeder Entscheidungsprozess gemeinsam mit den Schülern ausprobiert und reflektiert werden. Es sollte vorher geklärt werden, welchen Weg man für welches Thema wählt und wie die Regeln dafür sind. In diesem Buch sind viele praktische Beispiele beschrieben, die sich hierfür eignen.

Die Schüler sollen „demokratische Erfahrungen" sammeln dürfen und auch die Gefühlsebene dabei reflektieren:

- Aushalten können: Manche Diskussionen und Prozesse erfordern viel Zeit und Geduld
- Erfolg und Niederlage erleben
- Wahrnehmen, wer sich freut und wer traurig ist
- Wie gehe ich mit meiner Trauer nach einer verlorenen Wahl/Abstimmung um?
- Wie gehe ich fair mit meiner Freude nach einem Sieg um?
- Wie fühlt sich ein Kompromiss an?
- „Wenn er jedem etwas wehtut, dann ist er ein guter Kompromiss" – aber kommt Freude auf? Schlagwörter dazu: „fauler Kompromiss", „gegenseitige Zugeständnisse", „Verbiegen", „Geben und Nehmen", …
- Mit den Schülern den Erfolg einer gemeinsamen Lösung ohne Gewinner und Verlierer herausarbeiten: Kompromiss als Stärke der Demokratie

Im Material 54 werden als Wege für demokratische Entscheidungen die Wahl, die Abstimmung und der Kompromiss kurz beschrieben. Der Schwerpunkt liegt aber auf dem „Gehen und Erleben" dieser Wege:

- **Wahlen:**

  Im Artikel 38 des Grundgesetzes sind fünf Grundprinzipien festgeschrieben: Die Volksvertretungen werden in allgemeinen, unmittelbaren, freien, gleichen und geheimen Wahlen gewählt. Wahlen erlauben eine politische Macht für eine begrenzte Zeit. Dann entscheiden die Bürger erneut über die Verteilung der politischen Macht und kontrollieren so die Regierenden. In der Schule bieten sich dazu u. a. die Wahlen zum Klassensprecher (2.1), Schülersprecher und Vertrauenslehrer (2.2) an. Materialien sind in den entsprechenden Kapiteln beschrieben.

- **Abstimmung:**
  Hier geht es um die Feststellung des Abstimmungssiegers bei Entscheidungsprozessen in Gruppen / Klassen. Für die Entscheidung sollten vorher die demokratischen Regeln vereinbart werden, z. B. Handzeichen, Abstimmungskarten (Material 34–36), einfache, qualifizierte oder absolute Mehrheit usw. Die Regeln sollten demokratisch sein (z. B. jeder eine Stimme) und eine widerspruchsfreie Entscheidung der Gruppe ermöglichen. Dies sichert die Akzeptanz des Ergebnisses, auch wenn man als „Verlierer" aus dem Prozess geht. Zahlreiche Beispiele für Abstimmungsmöglichkeiten sind in den Kapiteln Klasse (2.1) oder Schule (SMV) (2.2) zu finden.
- **Kompromiss:**
  Der Kompromiss wird ausführlich in den Punkten 1.8 und 3.5 beschrieben und praktische Anwendungs- und Erlebensbeispiele aufgezeigt. Im Material 33 wird der Kompromiss eher theoretisch erklärt. Im Material 74 kann man dies spielerisch ausprobieren und diskutieren.

2.8 Bürgerschaftliches Engagement

Beim bürgerschaftlichen Engagement zeigt der Bürger Eigenengagement und nimmt das Thema, das ihm wichtig ist, selbst in die Hand. Er wartet also nicht ab, bis der Staat, die Politik, die Gemeinde oder sonst irgendwer seinen Wunsch erkennt und erfüllt.

Hier sind wir sehr schnell wieder bei den Themen Verantwortung (1.1) und Grundverständnis zur Demokratie (1.3). Ich selbst trage in der Demokratie die Mitverantwortung, dass es mir und meinem Umfeld gut geht. Niemand wird mir diese Verantwortung abnehmen – es gibt keinen „Staat", der alles für mich erledigt. Dies scheint allerdings eine Erkenntnis zu sein, die vielen Menschen so nicht wirklich bewusst ist. Daher umso wichtiger, dass dies die Schüler lernen und erfahren dürfen.

Als grundlegende Materialien können also die Materialien 1–3 zum Thema Eigenverantwortung gesehen werden und Material 14 als Beispiel für Einflussmöglichkeiten in der Demokratie.

Bürgerschaftliches Engagement ist also eine Eigeninitiative, die freiwillig ist, Zeit kostet, bei der Geldverdienen keine Absicht ist (häufig sogar etwas kostet) und die ein Ziel erreichen will. Oftmals geschieht dies mit anderen Menschen zusammen. In diesem Zusammenhang werden Begriffe wie Selbsthilfe, Ehrenamt, politisches Engagement oder freiwillige soziale Arbeit genannt. Solche Initiativen wollen den gesellschaftlichen Zusammenhalt stärken, das Gemeinwohl fördern oder zur Verbesserung von gesellschaftlichen Problemen beitragen. Häufigster Ausdruck dieses bürgerlichen Handelns sind Vereine und Bürgerinitiativen.

Beispiele für bürgerschaftliches Engagement:

- Mitgliedschaft oder aktive Mitarbeit in Vereinen, (Berufs-)Verbänden, Parteien, …
- freiwillige unbezahlte Mitarbeit in sozialen Einrichtungen (z. B. Rettungssanitäter, Jugendarbeit, Alten- oder Behindertenhilfe, …)
- direkt-demokratischer Bürgerbeteiligung, z. B. Wahlen, Volksentscheid, Volksbegehren
- Beteiligung an Protestaktionen im Rahmen sozialer Initiativen (z. B. Anti-Atomkraft-Bewegung, Frauenbewegung, Protest gegen Stuttgart 21, gegen Rechtsradikalismus, …)
- finanzielles Engagement in Form von Spenden oder Stiftungen

In Material 55 werden solche Beispiele schülerorientiert dargestellt. Daran kann sich eine Diskussion anschließen, was die Schüler bereits leisten, wo sie engagiert sind oder was sie interessieren würde und sich für sich wünschen würden.

Hinweis:
Auch bei diesem Thema ist es mehr die gelebte Praxis, die den Schülern nachhaltige Lernerfahrungen bietet. In der Schule gestatten dies soziale Projekte, in denen die Schüler Verantwortung übernehmen.

In einem solchen Projekt können die Schüler vielfältige Lernerfahrungen sammeln, so z. B. „Lernen durch Engagement", Verantwortung für Gemeinwohl, Lösung einer Aufgabe, Antwort auf Probleme im Umfeld der Schule suchen (z. B. in der Gemeinde), soziales Lernen durch Gruppenprozesse und natürlich auch Lernen über den Sachverhalt selbst.

Der Projektplan (Material 46) kann dabei Struktur für die Planung und Durchführung sein. Die Bandbreite dafür ist so bunt wie unsere Gesellschaft, konkrete Beispiele könnten u. a. sein:

- Müllsammelaktion, Umwelttag, Energiesparhelfer an der Schule, …
- Spendenlauf, Besuch sozialer Einrichtungen oder Hilfsaktionen dafür, …
- Audioguide für Sehenswürdigkeiten der Gemeinde, Rollstuhlstadtführer, …

2.9 Zivilcourage

Zivilcourage heißt wörtlich übersetzt Bürgermut. Das Handeln dahinter ist gar nicht so leicht zu fassen und liegt grob zwischen Hilfe und „Selbstaufgabe". Auslöser sind oftmals Situationen, in denen ein anderer oder wichtige Werte in Not geraten. Es erfordert Mut, Hilfe zu holen, Hilfe selbst zu leisten, einzuschreiten, andere zu verteidigen, sich zu wehren (auch verbal), sich für gewisse Werte einzusetzen usw. Durch das Handeln können dem „Mutigen" evtl. sogar Nachteile oder Gefahren entstehen (Ansehen in der Gruppe, Verletzungen bis hin zum Tod).

Hier ist die Zivilcourage allerdings auch kritisch zu beleuchten, gerade da solche extremen Beispiele so viel Platz in öffentlichen Meldungen bekommen und Politiker den „verunglückten Opfern" dafür oftmals posthum „Ehrungen" aussprechen:

- Ist es mutig oder zu risikofreudig, wenn der Helfer selbst ums Leben kommt und sich „opfert"?
- Wem ist geholfen, wenn der zu Helfende und der Helfer sterben?
- Muss ich mich allein mit einem Schlägertrupp anlegen oder gibt es dazu bessere Alternativen der Zivilcourage?
- Ist sich selbst in Gefahr bringen wirklich mutig?
- Sind Whistleblower zivilcouragiert oder Verräter?

Das Material 56 zeigt den Schülern Handlungsmöglichkeiten für bestimmte Notsituationen auf, die Schüler auch tatsächlich leisten können. In Material 57 werden sehr aktuelle gesellschaftliche Situationen gezeigt, die eigentlich vielen Normen des Zusammenlebens widersprechen und dennoch irgendwie normal geworden sind. Diese sollen bewusst gemacht werden. Hier bedeutet Zivilcourage, wenn man widerspricht oder aufklärt.

Tipp:
Die Schüler sollen verstehen, dass Zivilcourage nichts mit „Held“ zu tun hat. Die „kleine Hilfe“ oder der „kleine Widerstand“ ist mutig und kann meist sehr viel bewirken!

Praktische Umsetzung in der Schule finden kann das Thema z. B. in Erste-Hilfe-Kursen, Projekten oder Besuchen von Feuerwehr oder dem Technischen Hilfswerk. Zudem kann den Schülern gewisse Sicherheit und Orientierung vermittelt werden, indem verschiedene Situationen in Rollenspielen aufgegriffen, reflektiert und dann erneut „verbessert“ gespielt werden. Oftmals bietet die Polizei mit Jugendbeauftragten eine Zusammenarbeit mit Schulen an, bei dem diese Anlässe ebenfalls thematisiert werden.

2.10 Demonstration

In Deutschland ist das Demonstrationsrecht ein Grundrecht, das im Artikel 8 (Versammlungsfreiheit) des Grundgesetzes verankert ist. Es hat damit einen hohen Stellenwert. Das Recht auf freie Meinungsäußerung und das Recht, sich „friedlich und ohne Waffen zu versammeln“ wurde schließlich einst mühsam und unter großen Opfern erkämpft.

In der Bundesrepublik sind Demonstrationen in letzter Zeit etwas kreativer und häufiger geworden und es beteiligen sich wieder mehr Menschen daran. In anderen europäischen Ländern, allen voran Frankreich, ist die Protestneigung deutlich mehr ausgeprägt.

Formen und Aktionen von Demonstrationen sind inzwischen recht vielfältig: Menschen- und Lichterketten, Kundgebungen, Protestzug, Schweigemärschen, Mahnwachen, Sitzstreiks oder -blockaden, Einzelaktionen bis zu Massendemonstrationen, usw. Neuere Formen sind z. B. Critical mass, Flashmob, Tour de Natur oder mehrtägige Demonstrationen bis hin zu Onlinedemonstration und weitere im Internet organisierte Massenaktivitäten.

Auch die Themen sind vielseitig: für Frieden, gegen Regierungspolitik, gegen Tierversuche, Kritik an der Globalisierung, für Klima- und Umweltschutz, für eine bestimmte Einwanderungspolitik, für eine offene und freiheitliche Gesellschaft, für oder gegen Straßenneubauten, gegen Atommülltransporte, Gegendemonstrationen, für gewerkschaftliche Ziele, für mehr Hochschulmittel oder gegen Studiengebühren, gegen Waldrodungen, für Energiewende, …

Mit dem Material 22 wird der Artikel 8 im Grundgesetz zur Versammlungsfreiheit erklärt (siehe Punkt 1.4 Grundgesetz), mit Material 58 werden Beispiele von Demonstrationen gegeben, die große Schlagzeilen verursacht haben. Es empfiehlt sich, dieses Thema zusätzlich durch aktuelle Anlässe und Nachrichten aufzugreifen und mit den Schülern ins Gespräch zu kommen.

Tipp:
Organisieren Sie mit Ihren Schülern einmal eine Schuldemonstration (für Frieden, für Straßenberuhigung vor der Schule, für mehr Pausengeräte, …). So werden Demokratie und der demokratische Schulentwicklungsprozess für alle öffentlich sichtbar!

JA

NEIN

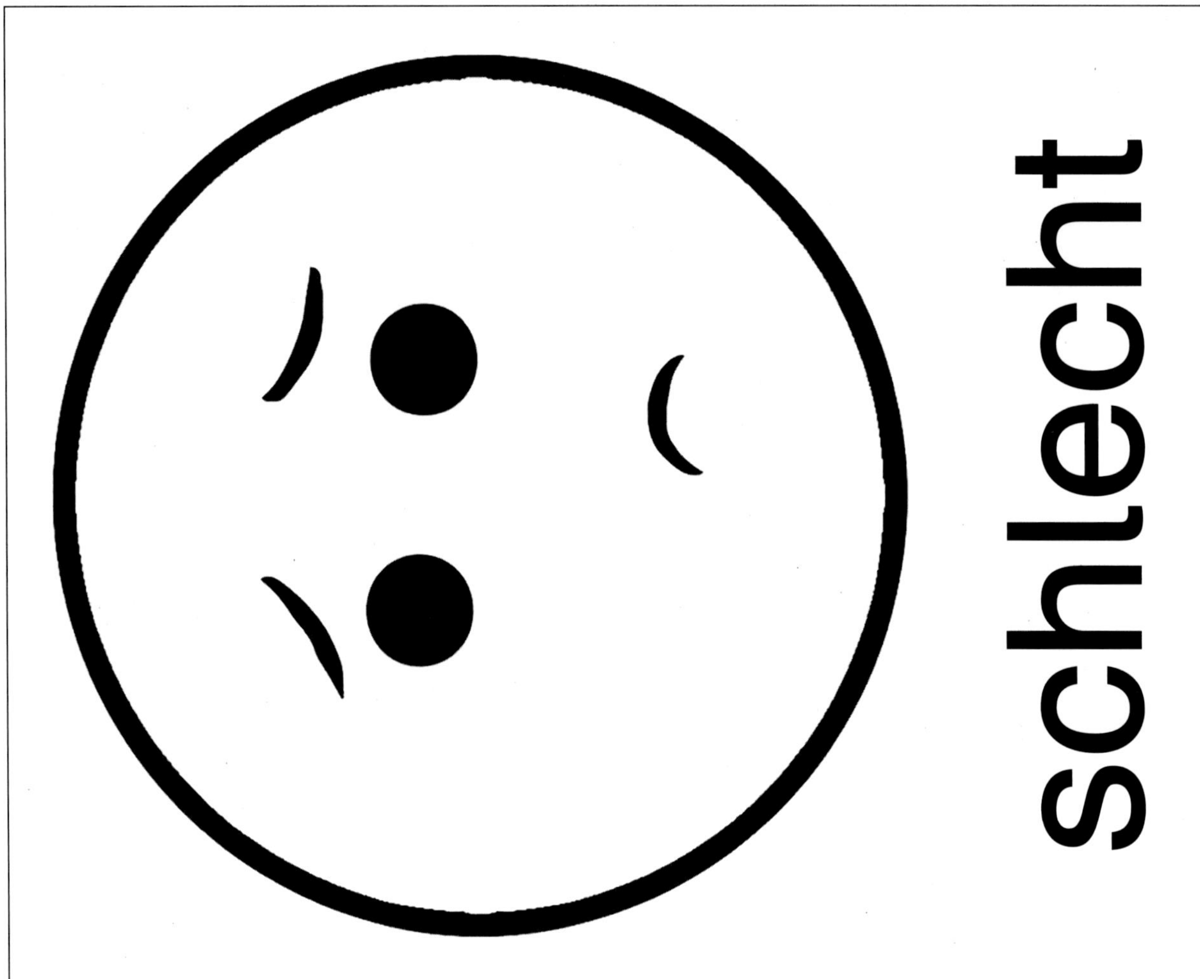
schlecht

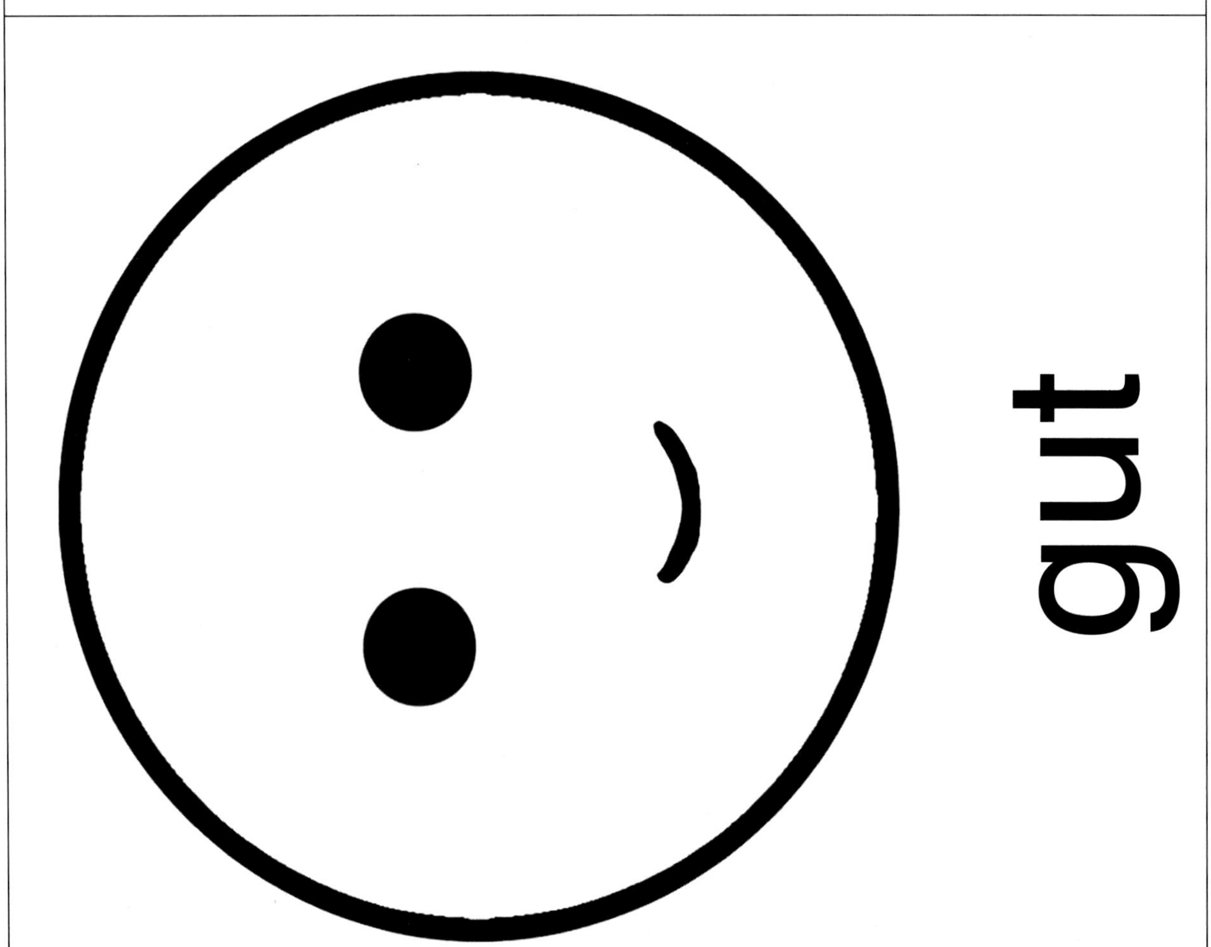
gut

 JA	Ich weiß nicht.	 NEIN

 gut	Ich weiß nicht.	 schlecht

Ich entscheide

Ich kann jeden Tag viele Entscheidungen für mich treffen:

Ich entscheide, …

… ob ich Wurst esse.

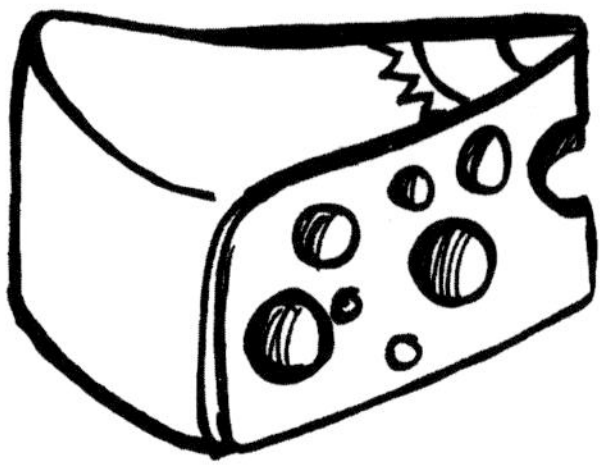

… ob ich Käse esse.

Ich entscheide, …

… ob ich spiele.

… ob ich mich langweile.

Ich entscheide, …

… ob es mir gut geht.

… ob es mir schlecht geht.

Ich bin für mich verantwortlich!
Ich kann dafür sorgen, dass es mir gut geht.

Aufgaben eines Klassensprechers

	Verantwortung übernehmen
	Gäste begrüßen
	Klassenrat leiten
	Interessen und Wünsche sammeln und vertreten
	zur Klassensprecher-versammlung gehen
	Infos weitergeben

Wer erfüllt diese Aufgaben gut?
Ich entscheide mit, wer Klassensprecher wird!

	Kandidaten aufstellen
	Wahlzettel austeilen
	wählen
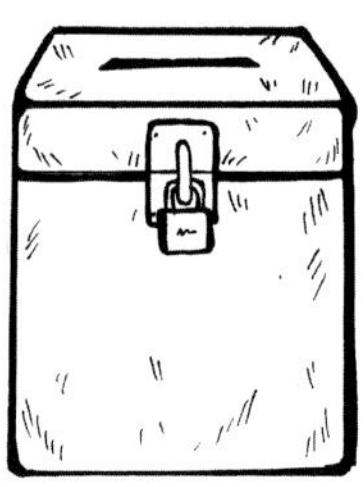	Stimmzettel einwerfen
	Stimmen auszählen

Wer erfüllt diese Aufgaben gut?
Ich entscheide mit, wer Klassensprecher wird!

Wie geht es dir?

Was hat dir gefallen?

**Was hat dir nicht gefallen?
(Hat dich etwas geärgert?)**

Gibt es noch etwas Wichtiges?

Zielerläuterung:

	Inhalte	Tipps
Frage 1	Gefühle, Stimmungen	• evtl. unterstützt durch Gefühlskarten • je nach Übung Begründungen einfordern (Warum?)
Frage 2	schöne Momente, Gelungenes, Erfolge	• Solche Momente/Erzählungen gemeinsam schätzen lernen – das war gut! • gemeinsam auch mal „feiern“
Frage 3	Schwierigkeiten/Probleme/Streitigkeiten	• niederschwelliges Auffangen (Ich durfte es sagen!) • gemeinsam Lösungen finden • Streitigkeiten gemeinsam lösen (siehe 3.6)
Frage 4	Problemlösungen, gemeinsame Ideen, Planungen, …	• evtl. ungelöste Punkte von Frage 3 aufgreifen • gemeinsame Ideen besprechen/abstimmen • Unternehmungen für Klasse (fürs Klima) planen

Protokoll Klassenrat

vom ____________________

gefallen

nicht gefallen

Sonstiges

SchülerMitVerantwortung: Schüler bestimmen mit.
Schüler übernehmen Verantwortung.

	Sie reden und planen mit anderen Schülern. (in der eigenen Klasse und in der ganzen Schule)
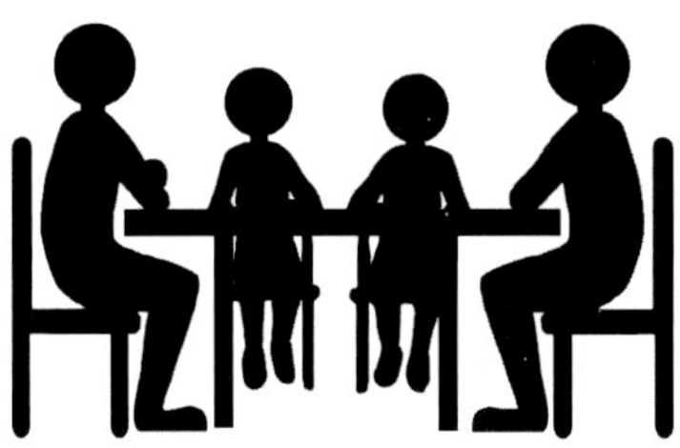	Sie tauschen sich mit den Lehrern und der Schulleitung aus.
	Sie planen Veranstaltungen.
	Sie lösen Probleme.
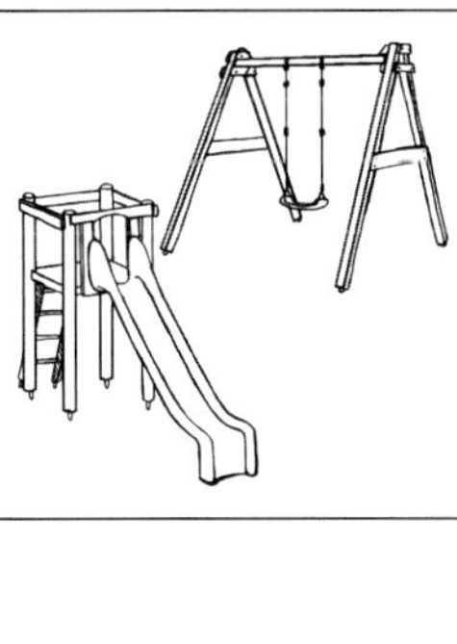 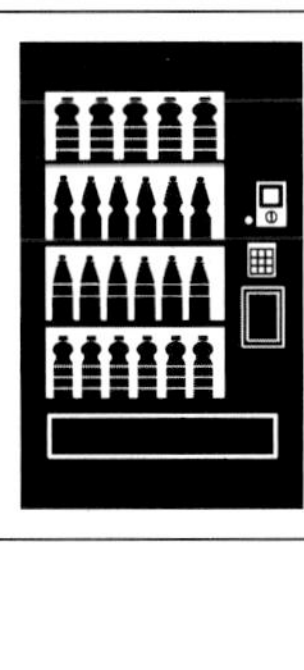	Sie tragen Wünsche/Ideen vor und verwirklichen einige davon.

Ich übernehme Verantwortung.
Ich entscheide mit!

Was ist die Klassensprecherversammlung?

<table>
<tr><td></td><td>Alle Klassensprecher gehören dazu.</td></tr>
<tr><td>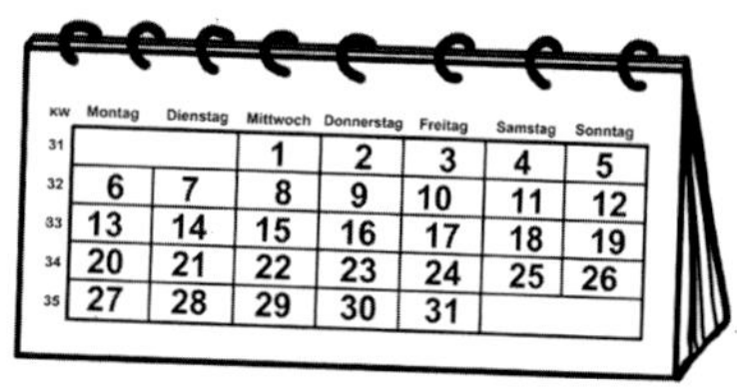</td><td>Sie trifft sich ca. 1-mal im Monat.</td></tr>
<tr><td></td><td>Sie wählt 3 Schülersprecher.</td></tr>
<tr><td></td><td>Sie wählt den Vertrauenslehrer.</td></tr>
<tr><td></td><td>Sie sammelt Ideen und Wünsche
und stimmt darüber ab.</td></tr>
<tr><td> 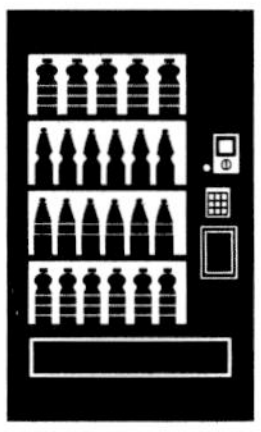</td><td>Sie plant Aktionen und neue Projekte.</td></tr>
<tr><td></td><td>Sie führt Protokoll über
ihre Sitzungen.</td></tr>
</table>

Ich übernehme Verantwortung.
Ich entscheide mit!

	Er sammelt Ideen und macht eigene Vorschläge.
	Er gibt Ideen weiter, redet mit Schulleiter und Lehrern.
	Er trifft sich mit dem Vertrauenslehrer.
	Er fährt zu SMV-Treffen, trifft andere Schülersprecher.
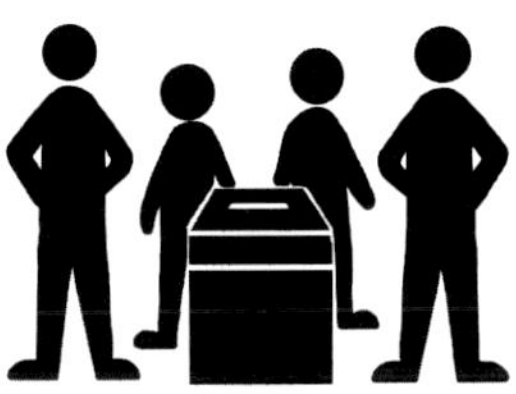	Er fährt zu regionalen Wahlen.
	Er nimmt am Schulforum teil.
	Er berichtet von allen Treffen.
	Er begrüßt Gäste und hält manchmal Reden.

Der Schülersprecher kann die Klassensprecherversammlung leiten.
Er kann das Protokoll schreiben.

Was ist ein Vertrauenslehrer?

Ein Vertrauenslehrer ist ein Lehrer, den du magst und dem du vertraust. Deswegen wird er „Vertrauenslehrer“ genannt.

Wahl zum Vertrauenslehrer

Die Klassensprecher oder alle Schüler wählen den Vertrauenslehrer.

Aufgaben des Vertrauenslehrers

Der Vertrauenslehrer hilft dir, wenn du …

<table>
<tr><td rowspan="3"></td><td></td><td>… Probleme mit Lehrern hast.</td></tr>
<tr><td></td><td>… Probleme mit Mitschülern hast.</td></tr>
<tr><td></td><td>… Probleme zu Hause hast.</td></tr>
</table>

Ich übernehme Verantwortung.
Ich entscheide mit!

Thema: ______________________________

Ideensammlung (Brainstorming):

Wer: ______________

____

____

____

Was: ______________

Wer: ______________

____

____

____

Was: ______________

Wer: ______________

____

____

____

Was: ______________

Wann: ______________ Wo: ______________

Mit wem: ______________

____

Wie: ______________

____

Schlussbesprechung:

Was hat gut geklappt? Was hat nicht geklappt?

Wo war die Zusammenarbeit gut, wo nicht so?

Beobachtungsaufgabe

Die Beobachtungsaufgabe:

Ziel:

Was haben wir beobachtet?

1. 	Das können wir noch besser machen:
2. 	Das hat schon geklappt:
3. 	Noch wichtig:
4. Gesamt:   	

Zeugnis

für: ______________________________

Das war gut:

☺	
☺	
☺	

Das sollte noch besser werden:

☹	
☹	

Unterschrift: ____________________

Lehrerzeugnis

für: ______________________________

Mein Lehrer ist höflich zu mir.	☺	😐	☹
Mein Lehrer ist hilfsbereit bei Fragen.	☺	😐	☹
Mein Lehrer hat Geduld.	☺	😐	☹
Mein Lehrer lobt mich für meine Leistung.	☺	😐	☹
Mein Lehrer hat ein offenes Ohr für Probleme.	☺	😐	☹
Mein Lehrer kann gut erklären.	☺	😐	☹
Mein Lehrer hilft beim Schlichten von Streitigkeiten.	☺	😐	☹
Bei meinem Lehrer lerne ich viel.	☺	😐	☹
Mein Lehrer fragt Stimmungen ab.	☺	😐	☹
Mein Lehrer ist gerecht.	☺	😐	☹
Mein Lehrer kann mit uns lachen.	☺	😐	☹
Mein Lehrer hat ein gutes Verhältnis zu den Schülern.	☺	😐	☹

Unterschrift: ____________________

Schulzeitung: Gute Artikel

In der Schulzeitung schreiben die Schüler Artikel.
Wie Journalisten.

Ihre Aufgaben: Recherche, Informationen prüfen, schreiben.

Was macht einen **guten** Artikel aus?

Recherche 	Das heißt: Ermittlung oder Nachforschung. In verschiedenen Quellen kann man sich informieren: • in einem Lexikon nachschlagen • ein Interview führen • im Internet eine verlässliche Seite suchen
Sorgfaltspflicht 	Ein Journalist • muss sorgfältig den Wahrheitsgehalt einer Nachricht prüfen. • muss die Wahrheit schreiben, sonst darf er sie nicht veröffentlichen.
Richtigkeit 	Der Artikel muss stimmen (siehe Sorgfaltspflicht). Fehler müssen berichtigt werden. Das muss öffentlich geschehen!
Aktualität	Der Inhalt muss aktuell sein, d. h., die Informationen dürfen nicht alt sein. Alte Informationen interessieren den Leser nicht. Vielleicht ist es heute schon ganz anders.
Vielfalt	Gute Artikel sollen: • verschiedene Sichtweisen darstellen • gut zu lesen sein • Bilder und Fotos beinhalten
Unabhängigkeit	freie Recherche kein Geld für bestimmte Informationen nicht abhängig von Werbung
Achtung der Persönlichkeit	Die Menschenrechte werden beachtet. Respekt vor der Persönlichkeit des anderen. • Es wird nicht über andere gelästert. • Es wird nicht „gehetzt“. • Es wird nicht zu Hass aufgerufen. • Es wird nicht beleidigt.

Ich achte darauf, wo ich etwas lese, sehe oder höre.
Ich überlege gut, was ich davon glaube und was nicht.

Regionalschülersprechertag

9.00 Uhr	Ankunft + Imbiss Eintragung in Workshops
9.30 Uhr	Begrüßung Kurzbericht Bezirksschülersprecher kultureller Beitrag einer Schule, z. B. Schulband
10.00 – 10.45 Uhr 11.00 – 11.45 Uhr	Workshops zur Auswahl je 45 Minuten, dann Wechsel
12.00 Uhr – max. 12.30 Uhr	Anträge zur Abstimmung gemeinsamer Abschluss + Feedback-Fragebogen

SMV-Tagung (1 ½ Tage)

Tag 1		Tag 2	
9.30	Anreise, Imbiss	ab 8.00	Frühstück
10.00	Begrüßung + Kennenlernspiel	9.00	Vorstellung der Ergebnisse aus den Workshops
10.30	Vorstellungsrunde der Schulen	10.30	Pause/Zeit zum Ausfüllen des Fragebogens
12.30	Mittagessen	11.00	Gemeinschaftsaktion, Abschluss, Ausblick und Verabschiedung
13.30	Mittagsprogramm zur Wahl	ca. 11.30	Abreise
15.30	Kaffeepause		
16.00	Workshops zur Auswahl		
18.00	Abendessen		
19.00	Freizeit		
20.30	Abendprogramm/Disco		
ca. 22.30	Bettruhe		

Programmbeispiele 2

Regional-Schülersprecher-Coaching (1 ½ Tage)

Zeit	1. Tag	2. Tag
9.00 – 10.30 10.30 – 12.00	Ankunft Begrüßung im Plenum Vorstellungsrunde Kennenlernspiel Infoblock „Was erwartet einen" Mittagessen	„Vorstellung der Förderschulen" Präsentationen vor anderen Anwendung der Übungen vom Vortag Rückmeldung zur Präsentation Verabschiedung Mittagessen
14.00 – 15.30 16.00 – 17.30 17.30 – 18.00	Workshops: 1) Körpersprache/Rhetorik 2) Plakaterstellung 3) Vertrauenslehreraustausch SMV, Leitfäden, … Workshopwechsel Austausch/Diskussion im Plenum	
ab 18.00	Abendessen Diskussion und Abstimmung über Beispielanträge, evtl. Antragserstellung geselliges Beisammensein (Teambildung)	

Regionale Streitschlichterausbildung Programmbeispiele

	Tag 1	Tag 2	Tag 3
vormittags	• Ankunft • Kennenlernen (z. B. den anderen vorstellen) • Gefühle Teil 1	• Ich-Botschaft • Aufgaben und Rolle eines Streitschlichters • Phase 1: Begrüßung und Regeln	• kompletter Ablauf (Beispiel durch zwei Streitschlichter, andere Beobachter) • Reflexion • Zertifikate • Heimfahrt
nachmittags	• Gefühle Teil 2 • Einführung Rollenspiele/Konflikte • aktives Zuhören	• Phasen 2-5 nacheinander einführen (in Gruppen üben)	
abends	• Kooperationsspiele • Abgrenzung zu Mobbing	• Abendprogramm	

	Titel	Beschreibung		Titel	Beschreibung
1	**Anträge** 	Tolle Ideen – und dann? Wie schreibe ich Anträge, um wirklich etwas zu erreichen?	5	**Wir sind cool und halten zusammen.** 	Wir machen Spiele, bei denen man nur gemeinsam gewinnen kann.
2	**Abend-programm** 	Wir planen gemeinsam ein Programm für den Abend.	6	**Wie plane ich eine Veranstaltung?** 	Woran muss ich denken, wenn ich eine Veranstaltung organisieren will?
3	**Jetzt rede ich!** 	Als Klassensprecher klasse sprechen! Wie sage ich Erwachsenen meine Meinung? Wie kann ich gut vor vielen Leuten reden?	7	**Einblick in die Erste Hilfe** 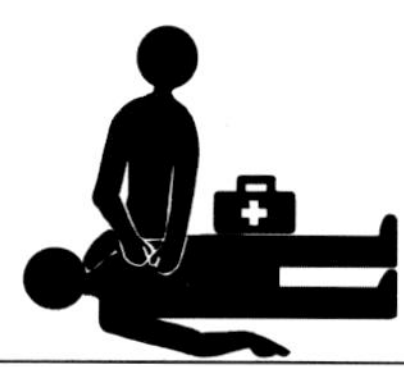	Wie verhalte ich mich in Notsituationen?
4	**Dokumentation** 	Wir machen Fotos von der Tagung und erstellen am Computer eine Präsentation, die wir später in der Schule zeigen können.	8	**Wie leite ich eine SMV-Versammlung** 	Wie begrüße ich? Wie leite ich das Gespräch an? Wer schreibt das Protokoll?

Schriftliche Mitbestimmung

Ich habe eine Idee. *oder* Ich habe eine Beschwerde.

In Deutschland darf jeder seine Meinung äußern.
Wenn ich die Idee oder Beschwerde nicht allein lösen kann, dann kann ich sie anderen mitteilen.

Ein guter Weg ist es, dies schriftlich zu machen.
Dann habe ich etwas „in der Hand“.
Das wird nicht so schnell vergessen.

Welche schriftlichen Wege gibt es?

Brief/E-Mail 	Ich kann einen Brief schreiben. Eine E-Mail gilt als elektronischer Brief. Ich kann einen Brief auch zusammen mit anderen schreiben, z. B. mit meiner Klasse. Beispiele: • Ich schreibe dem Bürgermeister, dass wir neue Spielgeräte für die Pause brauchen. • Ich schreibe einen Brief an die Zeitung, weil die Autos vor der Schule so schnell fahren. Das nennt man einen Leserbrief.
Antrag 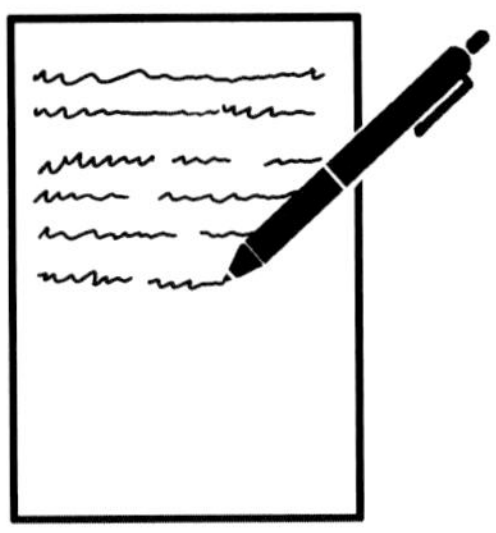	Für manche Themen brauche ich die Zustimmung von anderen Leuten (z. B. Verein, Verband). Dann sagt man zu dem Brief auch Antrag. Ein Antrag muss kurz, aber genau sein. Beispiele: • Ich schreibe einen Antrag an die Landesschülerkonferenz, dass alle Schulen automatische Türen für Rollstuhlfahrer bekommen.
Petition 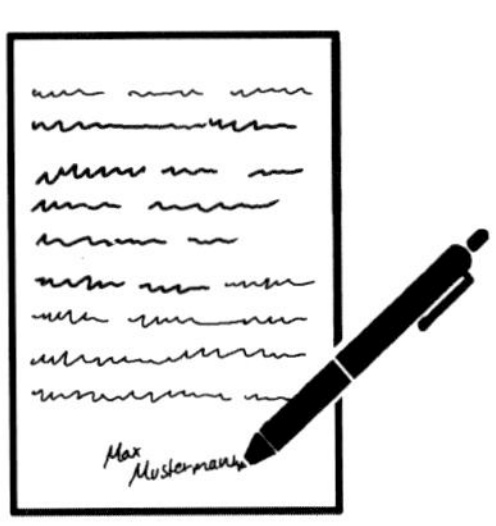	Artikel 17 im Grundgesetz sagt: Ich habe das Recht, den Staat um etwas zu bitten. So einen Brief nennt man Petition. Sie kann an das Rathaus, das Landratsamt oder an den Landtag geschickt werden. Eine Petition muss bearbeitet werden. Ich bekomme auf jeden Fall eine Antwort. Inzwischen gibt es auch Onlinepetitionen.

**Es ist wichtig, dass ich meine Ideen/Beschwerden mitteile.
Es kann aber sein, dass nicht alle Wünsche erfüllt werden können!**

Ich habe eine Idee. *oder* Ich habe eine Beschwerde.

Ich darf sie anderen schriftlich mitteilen.

Das geht als Brief, E-Mail, Antrag oder Petition.

Welche Regeln gibt es?

Adresse 	Ich muss meinen Namen angeben. Ich muss meine Adresse angeben. Am besten mache ich das oben im Briefkopf. Ohne Name und Adresse wird mein Brief nicht gelesen. Ohne Name und Adresse bekomme ich keine Antwort.
Schreiben 	Ich muss die Wünsche oder Beschwerden aufschreiben. Ich darf schreiben, was mir wichtig ist. Ich darf deutlich sein. Es gibt auch Grenzen! • Ich darf die Grundrechte der anderen nicht verletzen. • Ich darf niemanden beleidigen. • Ich darf niemanden bedrohen. • Ich darf nicht zu Gewalt oder Hass aufrufen. **Das gilt im Gespräch und schriftlich!** 
Unterschriften 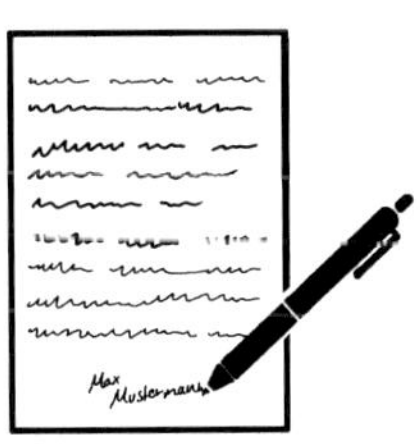	Ich muss den Brief unterschreiben. Das zeigt, dass es mein Brief ist. Wenn mehrere den Brief geschrieben haben, dann müssen alle unterschreiben. Bei einer E-Mail werden alle Namen unten genannt.
Abschicken 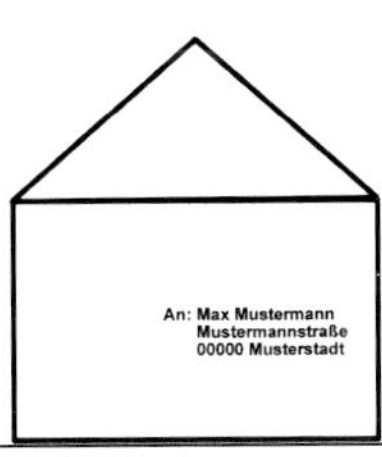	Ich schicke den Brief an die richtige Adresse. Ich schicke die E-Mail an die richtige Adresse. Ich schicke eine Petition an eine staatliche Stelle, z. B. das Rathaus, das Landratsamt oder Land- oder Bundestag.

Es ist wichtig, dass ich meine Ideen/Beschwerden mitteile.
Für schriftliche Mitteilungen gibt es Regeln!

Entscheidungen in der Demokratie

In Deutschland darf jeder seine Meinung äußern.
Es gibt sehr unterschiedliche Sichtweisen.
In einer Diskussion werden die Argumente ausgetauscht.
Darum sind mache Entscheidungen auch sehr schwer.
Darum dauern manche Entscheidungen sehr lange!

Welche Wege zu Entscheidungen gibt es?

<table>
<tr><td>Wahl
</td><td>In der Schule werden Klassensprecher gewählt.
In der Gemeinde werden Parteien gewählt.
Im Bundesland und im Bund wird auch gewählt.

Gewonnen hat, wer die meisten Stimmen hat.

Bei einer Wahl gibt es
Gewinner und Verlierer.
Manche freuen sich.
Manche sind ganz traurig.
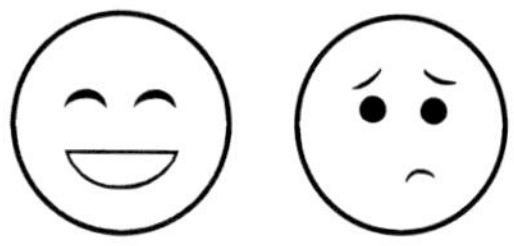</td></tr>
<tr><td>Abstimmung
</td><td>Zu manchen Themen gibt es eine Abstimmung.
z. B. – wohin die Klasse fährt.
– wo ein Spielplatz gebaut wird.
– wie die Rente bezahlt wird.

Oft werden dabei die Hände gehoben.
Die Idee gewinnt, die die meisten Stimmen hat.

Bei einer Abstimmung gibt es
Gewinner und Verlierer.
Manche freuen sich.
Manche sind ganz traurig.
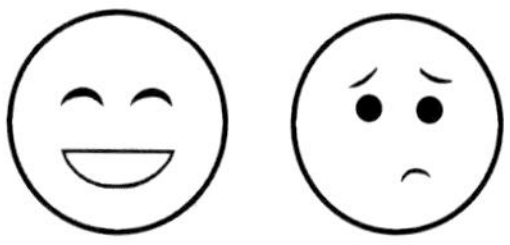</td></tr>
<tr><td>Kompromiss
</td><td>Kompromiss heißt,
• nachdenken und miteinander reden.
• auf den anderen zugehen.
• jeder macht Zugeständnisse.
• eine gemeinsame Lösung finden.

Bei einem Kompromiss gewinnen alle:
Es gibt eine gemeinsame Lösung!
</td></tr>
</table>

Wer nur jammert, hat leider die Demokratie nicht verstanden!

Ein demokratischer Staat lebt vom Einsatz der Bürger.

Der Staat macht nicht alles für mich!

Erinnere dich:

Ich bin mitverantwortlich dafür, dass es mir gut geht.

Ich bin für das Miteinander und die Umwelt mitverantwortlich.

Ich kann viel machen:

	**Verein**	Sportverein Feuerwehr Technisches Hilfswerk Musik (Chor) Gartenbau 
	Ehrenamt	Kirche Krankenhaus Schule alte Menschen Flüchtlingshilfe 
	Bürgerinitiative	politisch, z. B. für Naturpark gegen Stromtrassen 
	Spende	für arme Menschen für Katastrophenhilfe für Vereine 

**Ich kann ganz viel machen –
das nennt man bürgerschaftliches Engagement.**

Zivilcourage 1

Zivil – Courage

Bürger – Mut

Bürger-Mut meint:

Ich übernehme Verantwortung in schwierigen Situationen.

Beispiele:

Achtung: Gefahr vermeiden! Es ist keinem geholfen, wenn mir auch etwas passiert. Es ist mutig, Hilfe zu holen. Ich muss mich aber nicht in Gefahr bringen!

Zivil – Courage
Bürger – Mut

Bürger-Mut meint:

Ich übernehme Verantwortung in schwierigen Situationen.

Hier läuft etwas falsch:

Handyfotos von Verletzten werden gemacht.

Schaulustige stehen im Weg.

In Notsituationen wird einfach weitergelaufen.

Helfer werden beschimpft oder geschlagen.

Es ist mutig, etwas dagegen zu tun. Ich sage weiter, wie es richtig ist.

Demonstration

Artikel 8 sagt: Alle Deutschen dürfen sich **versammeln**.

Wenn die Versammlung ihre Meinung äußert,
dann heißt sie **Demonstration**.

Wichtig:

Versammlungen sollen **friedlich** sein.
Das heißt: ohne Waffen und ohne Gewalt.

Ich kann **für** etwas demonstrieren.
Ich kann **gegen** etwas demonstrieren.

Wenn viele Menschen mitmachen, dann wird die Meinung bekannt.

Beispiele:

Unteilbar-Demonstration
Berlin 2018

240 000 Menschen demonstrieren für eine offene und freie Gesellschaft.

Fridays for a future
2019

Viele Schüler demonstrieren immer wieder freitags in vielen Städten für eine bessere Klimaschutz-Politik.

Hambacher Forst-Demonstrationen
2018

Viele Menschen demonstrieren, z. T. in Baumhäusern, für den Erhalt dieses Waldes und gegen Kohleabbau dort. Es bleibt nicht immer friedlich!

Pegida-Demonstrationen
Dresden

Immer wieder montags demonstrieren Menschen gegen die Einwanderungspolitik. Anfangs waren es viele Leute, inzwischen sind es nur noch wenige.

Demonstrationen sind wichtig für eine Demokratie!

Durch eine Demonstration wird eine Meinung öffentlich.

Andere Menschen lernen so die Meinung kennen.

Sie können dann der gleichen Meinung werden oder auch nicht.

In diesem Kapitel geht es um eine gelebte Diskussions- und Streitkultur an der Schule. Dies ermöglicht es den Schülern, Kompetenzen *für* die Demokratie zu erwerben. Es geht um Gesprächsregeln und -haltungen, um Reflexion, um tatsächliche Diskussionen und Kompromisse, um Konflikte und Streitschlichter als „Lösungshelfer" und um einen gekonnten Umgang mit Medien. Im Mittelpunkt stehen hier nicht die theoretischen Erklärungen, sondern das praktische Tun. Die Schüler sollen die Themenbereiche kennenlernen, einüben und tatsächlich anwenden. Die Materialien und Ideen unterstützen sie dabei.

3.1 Kommunikation

Unter diesem Punkt sind ein paar Grundlagen für eine gelingende Kommunikation gesammelt. Es geht um die Haltung, dem anderen zuhören zu wollen. Zudem geht es um die Wahrnehmung, dass man auch mit Worten verletzen kann und es sich daher lohnt zu überlegen, wie ich etwas sage.

Mit dem Material 59 wird aufgezeigt, worauf beim „aktiven Zuhören" geachtet werden sollte. Zum leichteren Verständnis wird „gutes Zuhören" verwendet. Zentral sind die ersten 3 Elemente (Blickkontakt, zuhören, aufmerksam sein). Diese können für den Beginn in der Klasse erst einmal ausreichend sein. Das Nicken und Bestätigen ist mit etwas Übung auch für Schüler mit Förderbedarfen gut zu meistern. Das letzte Element „Nachfragen und in eigene Worte fassen" ist nicht zwingend notwendig und sehr schwierig. Der Vollständigkeit halber ist es auf dem Arbeitsblatt vorbereitet. Durch das Word-Format können die Elemente einzeln vergrößert werden und als Beobachtungs- und Übungsaufgabe geübt werden. Zudem kann der letzte Punkt herausgenommen werden.

Falsches Vorspiel:

Durch ein kleines Rollenspiel kann das „aktive Zuhören" sehr schnell für die Schüler bewusst gemacht werden. Sie lassen sich von einem Schüler etwas vom Wochenende erzählen und sind dabei ganz unaufmerksam, spielen am Handy, gehen weg, ... Lassen Sie den Schüler erzählen, wie es ihm ging. Lassen Sie die anderen Schüler erzählen, was sie beobachtet haben und was man besser machen könnte. Nun kann schon ein Schüler die Rolle übernehmen und es im Spiel besser probieren – die Mitschüler bekommen nun gezielte Beobachtungsaufgaben zu den erarbeiteten Elementen am Arbeitsblatt. Tauschen Sie erneut die Rollen und bauen weitere „Verbesserungen" ein.

Weiterer wichtiger Baustein für eine gelingende Kommunikation ist das Bewusstwerden, dass die Wortwahl wichtig ist. Mit dem Material 60 soll die Wahrnehmung darauf gelenkt werden, dass nicht nur körperliche Schläge, sondern auch Worte sehr wehtun und tief verletzen können. Dazu soll in einen offenen Austausch über eigene Erfahrungen gegangen werden. Hierzu zählen neben den tatsächlichen Worten im Gespräch durchaus auch die Gespräche in den sozialen Medien.

Um die eigene Sprache noch etwas bewusster zu nutzen, wird mit dem Material 61 der Weg der Ich-Botschaften beispielhaft vorgeschlagen. Wichtig ist hierbei, dass es bei Schülern mit Förderbedarf nicht um eine perfekte Anwendung dieser Methode geht, sondern um eine Idee, wie man sein Anliegen bestimmt, aber für das Gegenüber „verträglicher" anbringen kann. Ebenso bietet sich hier natürlich die „Giraffen- und Wolf-Sprache" aus dem Modell der gewaltfreien Kommunikation an, wofür es zahleiche kindgerechte Materialien gibt. Für diese Übungen sind erneut Rollenspiele ideal, da die Anliegen für die Schüler konkret erfahrbar werden. Die anderen Schüler sind Beobachter (auch eine wichtige Rolle!) und können entscheidende Hinweise geben.

Tipp:
Seien Sie selbst ein gutes Vorbild. Hören Sie den Schülern gut zu und achten Sie auf Ihre eigene Sprache! Hierzu gibt es auch viele interessante Fortbildungen.

3.2 Reflexion

Das Thema Reflexion ist ein wichtiges Mittel zur demokratischen Schule und eng verbunden mit den Themen Selbsteinschätzung (siehe 1.1 Verantwortung) und Feedback (siehe 2.3 Feedback-Kultur). Hier ist damit gemeint, dass die Schüler über ihr Lernen nachdenken, darüber sprechen, es versprachlichen und somit immer gezielter darüber „reflektieren" können. Aus dieser kurzen Beschreibung geht schon hervor, dass dieser Prozess sehr komplex ist und einen hohen Kommunikationsanteil besitzt. Daher ist es gerade für Schüler mit Förderbedarf unerlässlich, dass hier Hilfestellungen und kleine Schritte notwendig sind.

Neben der sehr hohen Effektstärke für den Lernerfolg (nach der Hattie-Studie) können die Schüler für die Demokratiepädagogik sehr wichtige Kompetenzen einüben:

- Die Schüler erleben sich als aktive Mitgestalter in der Klasse.
- Sie übernehmen aktiv Verantwortung für ihr Tun/Lernen.
- Sie lernen von- und miteinander.
- Die Schüler lernen ihre Stärken (und Schwächen) kennen, was das Selbstbewusstsein und die Motivation festigen kann.
- Sie erlangen die Fähigkeit, sich Ziele für das eigene Lernen festzulegen und zu überprüfen.
- Gemeinsame Reflexion (siehe Feedback-Kultur) ist Grundlage eines partnerschaftlichen Miteinanders, eines respektvollen und achtsamen Umgangs.

Für den Lehrer stellen sich allerdings andere Fragen als in seiner sonst üblichen Rolle:

- Wie kann ich passende Lernsituationen dafür gestalten?
- In welche Lernphasen passt es? Welche Lernformen verwende ich?
- Wo ist im Unterricht Platz für die Interessen und Fragen der Kinder?
- Wo können die Schüler von- und miteinander lernen?
- Können Schüler ganz eigene Wege finden? Kann ich das (für mich) zulassen?
- Wo ist im Unterricht Zeit für eine bewusste Rückschau?
- Wie kann ich Reflexion anbahnen und einschulen?
- Kann ich Anregungen und Feedback von Schülern auf- und annehmen?
- Wie gestalte ich die Balance zwischen Steuern/Lenken und offen sein?

Tipp:
Für den Anfang ist es ratsam, ganz einfach zu starten: Fragen Sie z. B. nach einer Arbeitsphase die Schüler, wie sie sich selbst empfunden haben. Die Schüler denken kurz nach und geben mit dem Daumen Feedback (nach oben, seitlich oder nach unten).

Mit dem Material 62 können Sie oder die Schüler (oder gemeinsam) vorher Ziele festlegen (Beispiele unter Material 64 oder auch Gesprächsregeln in Material 67), die dann „gezielt" reflektiert werden. Oft ist es ratsam, erst mit einem Ziel zu beginnen und dann, je nach Schüler, individuell zu steigern. Ebenso können die Spalten Arbeitsgruppen- und Lehrereinschätzung je nach Aufgabenstellung und Kritikfähigkeit des Schülers individuell eingeführt (oder weggelassen) werden.

Die Zielscheibe in Material 63 ist eine Möglichkeit, die Reflexion zu visualisieren: Je besser es funktioniert hat, desto näher ist der Punkt am Mittelpunkt. Wiederum kann auch hier erst einmal mit einem Reflexionsziel begonnen werden. Mögliche Ziele finden sich wieder in Material 64 und können eingeklebt werden.

Hinweis:
Die Zielscheibe kann auch sehr gut für eine schnelle Visualisierung einer Gruppenreflexion verwendet werden, wenn jeder Schüler kurz seine Punkte setzen kann (z. B. beim Gang in die Pause). So entsteht sehr klar ein Stimmungsbild und darauf kann in der nächsten Stunde aufgebaut werden.

Im Material 65 hat jeder Schüler die Möglichkeit, sich selbst ein Zeugnis auszustellen. Neben dem Effekt der langfristigen Selbstreflexion macht dies den Schülern meist viel Spaß. Zudem kann dies als eine Grundlage für ein ausführliches Lernentwicklungsgespräch verwendet werden.

3.3 Gesprächsregeln

Wichtiges Grundelement für gelingende Gespräche ist der gegenseitige Respekt. Daher kann hier auf die Materialien unter dem Punkt 1.2 zurückgegriffen werden. Vor allem im Material 5 wird konkret aufgezeigt, wie respektvoller Umgang aussehen kann.

Gerade für Schüler mit Förderbedarf ist eine deutliches NEIN eine weitere wesentliche Grundlage für Gespräche und im Alltag. Oftmals fehlt die Sprachgewandtheit sich sofort verbal (oder auch körperlich) wehren zu können. Oftmals fehlt aufgrund verschiedenster Vorerfahrungen überhaupt ein NEIN als Handlungsoption. Es gilt also als positiv zu eröffnen: Ich darf NEIN sagen! Ich darf für meine Wohlergehen sorgen, meine Grenzen abstecken, für mich Verantwortung übernehmen.

Im Material 66 wird diese Option vorgestellt und zudem der „Nachdruck" der Aussage verdeutlicht. Die beschriebenen Punkte (Stimme, Körperhaltung, Gesichtsausdruck und Blickkontakt) müssen aber geübt werden. Dies kann gut im Kreis geschehen oder in Partnerübungen. Dabei darf es in der Klasse ruhig laut werden – ein gemeinsames NEIN der ganzen Klasse sollte schon im Nachbarklassenzimmer hörbar sein! Eventuell kann es auch für einzelne Schüler sinnvoll sein, diese Übungen und Erfahrungen erst in einem „Einzelcoaching" zu machen.

Spiel für Fortgeschrittene

Die Klasse stellt sich im Kreis auf und redet auf die Person in der Mitte ein, alle mit- und durcheinander (Themen sind egal, es geht um die Laustärke und das Durcheinander, das auf den Schüler in der Mitte einwirkt). Wenn es dem Schüler in der Mitte zu viel wird, sendet dieser ein lautes und deutliches NEIN (oder STOPP). Der Rest der Klasse wird dann sofort still. Dies Übung schult die Wahrnehmung der eigenen Grenzen und macht die „Selbstwirksamkeit" schnell erlebbar.

Im Material 67 werde einige Gesprächsregeln als Beispiele aufgezeigt. Diese können gerne reduziert oder ergänzt und erweitert werden. Wichtig ist, dass die Regeln positiv formuliert sind (was die Schüler tatsächlich tun können). Die Regeln sollten nacheinander oder auch einzeln (z. B. als Wochenziele) erarbeitet werden. Im Mittelpunkt steht die konkrete Anwendung im Unterrichtsgespräch, beim Klassenrat (2.1), bei Diskussionen (3.4), ...

Sehr wirksam ist eine gemeinsame, wertschätzende Reflexion (3.2). Dies kann am Anfang von der Lehrkraft erfolgen oder möglichst schnell von Mitschülern übernommen werden. Auch hierbei ist die Konzentration auf eine Regel oder wenige Regeln hilfreich. Neben wertschätzender und verbessernder Kritik sollte vor allem das Lob von gelungenen Beispielen im Mittelpunkt stehen (z. B. ... ist es schon sehr gut gelungen, zu warten, bis er dran war)

Tipp

Vergrößern Sie die aktuelle Regel oder die erarbeiteten Regeln und bringen sie gut sichtbar im Klassenzimmer an. Dies erleichtert die Reflexion enorm. Im Gespräch selbst kann so auch schnell auf die Regel gezeigt werden, ohne dass man verbal den Gesprächsfluss unterbrechen muss.

3.4 Diskussion

Die Auseinandersetzung, also das Ringen um die besten Argumente, ist zentrales Element der Demokratie. Sie lebt von unterschiedlichen Perspektiven und Standpunkten und von begründeten Differenzen. Die Demokratie ist auf die Diskussion unterschiedlicher Positionen, den Abgleich von Argumenten und die konsensorientierte Aushandlung von Lösungen angewiesen.

Bei Alleinherrschern jeder Art Befehl und Gehorsam. Die Demokratie ersetzt dies durch abwägende Diskussion von Alternativen und letztendlich dem Finden von Kompromissen: eine unglaubliche Errungenschaft, die oftmals als normal empfunden und gar nicht mehr geschätzt wird.

Es ist durchaus richtig: Dieser Weg ist auch anstrengend und man muss Verantwortung übernehmen. Manchmal dauert der Prozess „ewig" oder es kommt nicht das erwünschte Ergebnis heraus. Alles in allem handelt es sich auch um eine komplexe Angelegenheit:

- Argumente finden und abwägen
- Sichtweise äußern (siehe 3.1 Kommunikation)
- diskutieren (siehe 3.1 Kommunikation, aktives Zuhören, Ich-Botschaften und 3.3 Gesprächsregeln)
- eigene Meinung bilden und vertreten (siehe 1.6 Meinungsfreiheit, 1.7 und 3.8 Medien)

Im Unterricht sollte der vorhandene Freiraum für die Diskussion aktueller Themen oder politischer Ereignisse mehr genutzt werden. Besonders geeignet ist der Montag nach dem Wochenende, der Klassenrat, Deutsch, Religion usw. Die Schüler sollen lernen, sich mit Argumenten auseinanderzusetzen und daraus eine eigene Meinung zu finden. Dies geht ganz „natürlich" in der Diskussion miteinander – im praktischen Tun!

Im Materialteil sind dafür einige Diskussionsanlässe vorbereitet (Themenbeispiele zum Einfügen oder Einkleben siehe Material 70). Mit dem Material 68 werden unterschiedliche Sichtweisen visualisiert, da man das Blatt für pro und Kontra tatsächlich wenden muss (bzw. die Sitzposition wechselt) und somit einen neuen „Blickwinkel" einnimmt. Die Schüler sammeln in Einzel- oder Partnerarbeit Argumente, die im Anschluss daran in der Klasse ausgetauscht und diskutiert werden.

Das Material 69 visualisiert den Prozess der Meinungsbildung für die Schüler. Nach dem Sammeln von Argumenten dafür und dagegen und der offenen Diskussion mit der Klasse soll im letzten Schritt die eigene Meinung herauskommen.

Die Diskussionsanlässe in den Materialien 71 und 72 eignen sich für Partner- oder Gruppenarbeit. Die vorbereiteten Fallbeispiele sollen nacheinander diskutiert werden, da das jeweilige Thema durch eine kleine Veränderung eine interessante, neue Richtung bekommt.

Tipp

Nutzen Sie aktuelle Themen möglichst oft zur Diskussion mit Ihren Schülern. Haben Sie den Mut, auch Ihre Meinung zu vertreten, aber auch andere Sichtweisen zu erklären. Es geht da noch lange nicht um „Beeinflussung" oder „Wahlwerbung", sondern um ein Eintreten für die Demokratie und die Meinungsfreiheit. Das sollen Ihre Schüler lernen dürfen – in der Diskussion mit Ihnen!

3.5 Kompromiss

So wichtig der Kompromiss für unser Zusammenleben auch ist, so wenig Beachtung wird ihm normalerweise geschenkt. Dabei begleitet er uns in der Familie, unter Freunden, in der Schule, bei Tarifverhandlungen und natürlich in der Politik.

Für die Schüler soll es ganz konkret erfahrbar werden, wie ein Kompromiss entstehen kann. Mit dem Material 69 wird der Weg nachvollziehbar. Der Schüler beschäftigt sich zuerst allein mit dem Thema und schreibt (oder malt) seine Ideen dazu. Im zweiten Schritt geht er mit einem Partner oder einer kleinen Gruppe zusammen – aus den Ideen soll dann ein gemeinsamer Vorschlag gefunden werden: ein erster Kompromiss in der kleinen Gruppe. Anschließend werden diese Vorschläge der ganzen Klasse vorgestellt und gemeinsam diskutiert. Zum Abschluss soll die Klasse eine gemeinsame Idee finden, der alle zustimmen können: ein Kompromiss für die ganze Klasse!

Mögliche Themen dafür sind: „Mein Traumklassenzimmer", „Meine Traumschule", „Tischordnung im Klassenzimmer", „Verbesserungen für die Pause", „Verschönerung der Aula" usw. Es sollte möglichst nah am Alltag der Schüler sein.

Das Material 74 erklärt den Begriff Kompromiss eher theoretisch (siehe auch Material 33). Über die Beispiele darf und soll diskutiert werden.

Das Rollenspiel (Material 75) verwandelt die Klasse in einen Gemeinderat. Einige Schüler übernehmen spezielle Rollen und bringen Argumente für und gegen ein Einkaufszentrum vor. Zusammen soll dann eine gemeinsame Lösung gefunden werden.

Tipp

Nutzen Sie im Schulalltag möglichst viele Möglichkeiten, Ihre Schüler mitdiskutieren zu lassen. Es soll Ihnen erfahrbar werden, dass jede Idee für sich wichtig und wertvoll ist. In einer Gemeinschaft können aber nie alle Ideen verwirklicht werden. Es zeichnet eine Gruppe aber aus, gemeinsame Ideen und Lösungen zu finden!

3.6 Konflikt

Der Streit ist elementar für eine Demokratie – es geht um den „Wettstreit" der Argumente. Der wichtige Streit in der Politik ist für die Schüler oft weit weg oder sehr einseitig und negativ geprägt (die Politiker da oben ...). Aber Streit gibt es auch in den Familien, unter Freunden und in der Schule.

Meist herrscht im Alltag das Bestreben, Konflikte möglichst zu vermeiden. Auch in der Schule werden Streitigkeiten eher als nervig und zeitfressend gesehen. Nach der Busfahrt oder nach der Pause werden schnelle Lösungen oder Strafen für die Schüler gefunden.

Dabei ist ein Streit ein wichtiges Lernfeld in der Schule und so praxisbezogen, so nah am Alltag der Schüler. Oftmals haben diese in ihrem Umfeld noch nie eine „Lösung" eines Streits erfahren können. Auch in der derzeitigen Diskussion in den sozialen Netzwerken oder unter Politikern fehlen oft positive Beispiele bzw. gehen diese unter.

Hinweis

Das „Zusammenraufen" und der Weg dorthin ist eine immens prägende Erkenntnis, die das Leben der Schüler und unser Zusammenleben in der Gesellschaft positiv beeinflussen kann.

Es sollte also in der Schule darum gehen, eine Lernumgebung für eine positive Streitkultur zu schaffen. Das bedeutet also keine Streitlösung für, sondern eine mit den Schülern. Daher ist dieses Kapitel auch sehr eng mit dem folgenden (3.7 Streitschlichter) verbunden.

Mit dem Material 76 kann das Thema Streit eher theoretisch betrachtet werden. Neben dem Eisbergmodell werden auch verschiedene Streittypen angesprochen. Ergänzend dazu behandelt das Material 77 die Gefahren von Streitigkeiten im Netz und erklärt die Begriffe Netzhetze, Shitstorm und Cybermobbing.

Mit dem Material 78 wird ein Weg aufgezeigt, wie man nach einem Streit wieder aufeinander zugehen kann. Hier kann man mit den Schülern in den jeweiligen Schritten natürlich individuelle Hilfen erarbeitet werden, z. B. können Schüler oft sehr gut einschätzen, was sie wieder beruhigen kann.

Tipp
Das Thema sollte v. a. im praktischen Alltag geübt werden. Greifen Sie aktuelle Streitigkeiten (nach einer Beruhigungsphase) im Unterricht auf, z. B. im Klassenrat. Geben Sie den Schülern die Zeit und Lernmöglichkeit, selbst Lösungen für den Konflikt zu finden.

3.7 Streitschlichter

Vordemokratisch wurden Konflikte durch „Mord und Totschlag“ oder in feineren Schichten durch Duelle geregelt. Die demokratische Lösung funktioniert durch einen geregelten Diskurs. Schon Martin Luther war in den ersten evangelischen Kirchengemeinden als Schlichter unterwegs, wenn sich die Räte zerstritten hatten. Inzwischen gibt es viele verschiedene Angebote der Mediation, um Konflikte auf friedliche Weise aufzulösen.

Bei der Streitschlichtung an Schulen kommt noch dazu, dass Schüler untereinander die Streitigkeiten angehen – von der Peergroup lassen sich Hilfen oftmals leichter annehmen. Die Streitschlichter bekommen eine Ausbildung für ihre Aufgabe und werden so zu Profis im Umgang mit Konflikten. Davon profitieren sie zum einen natürlich persönlich, zum anderen kann sich diese neue Streitkultur auf die ganze Schule übertragen.

Hinweis
Eine Streitschlichtung ist ein strukturiertes Verfahren, um nach einem Konflikt wieder einen Weg zueinander zu finden. Es ist nicht die Aufgabe von den Schlichtern, z. B. in der Pause zwischen zwei Streitende zu gehen!

Eine konstruktive Konfliktbearbeitung ist ein fundamentaler Baustein einer demokratischen Schule und ein zentraler Aspekt demokratiepädagogischen Handelns. Schulen, die sich auf den Weg einer demokratischen Schulentwicklung machen, können ohne konstruktive Konfliktbearbeitung nicht funktionieren. Eine Streitschlichtergruppe kann dazu einen wesentlichen Beitrag leisten.

Material 79 stellt den Schlichtern die Regeln für das Schlichtungsgespräch einfach und strukturiert zur Verfügung. Das Material 80 stellt den gesamten Ablauf des Prozesses in ganz elementaren Fragen in wörtlicher Rede im Überblick dar. Es sei hier aber nochmals betont, dass die Schlichter eine Ausbildung und viel Übung benötigen, um dieses Verfahren eigenständig durchzuführen.

Das Material 81 stellt einen stark elementarisierten Gesprächsleitfaden zur Konfliktbewältigung zur Verfügung, der z. B. im Rahmen des Klassenrates verwendet werden kann. Zur Einführung ist es ratsam, dass die Lehrkraft die Moderation übernimmt. Je nach Fähigkeiten der Klassensprecher können mit der Zeit Teile von diesen übernommen werden. Der Vorteil hier besteht darin, dass die gesamte Klasse Konfliktlösungsstrategien kennenlernt. Der Nachteil daran ist, dass eine Lehrkraft dabei ist und die Schüler es also nicht allein untereinander lösen.

Wichtig

Das Thema Streitschlichtung kann hier nur kurz skizziert werden. Es lohnt sich, zu diesem Thema weitere Literatur oder auch Fortbildungsangebote zu nutzen. Wer den Prozess selbst gelernt hat, weiß, wo die Stolpersteine für die Schlichter liegen. Es gibt inzwischen Konzepte, die es durch klare Struktur und mithilfe von Symbolen auch Schülern mit Förderbedarf ermöglichen, diese komplexe Aufgabe zu leisten.

3.8 Medien

In Punkt 1.7 wurde bereits beschrieben, dass Medien ein wichtiger Bestandteil in einer Demokratie sind. Sie bieten vielfältige Informationen, die die Meinungsbildung unterstützen. Zahlreiche Partizipationsmöglichkeiten erleichtern bürgerliches Engagement. In der Schule bietet sich hier die Arbeit mit einer Schulzeitung an (Punkt 2.4).

Aber es gibt auch Gefahren und Beeinflussung. Nach Berichten im Frühjahr 2019 vor der Europawahl ist RTL inzwischen fast der einzige unabhängige Sender in Ungarn, der Rest ist „regierungskonform". Bis Mai wurden für das Jahr 2019 schon über 4 000 politische Meldungen nachgewiesen, in denen die „Wahrheit kreativ verdreht" wurde – ca. 80 % davon aus Russland. Wahlbeobachtungen zeigten auf, dass 10–20 % aller wahlbezogener Internet-Kommunikation künstlich erzeugt ist (z. B. Trolle, soziale Bots, ...).

In diesem breiten Spannungsfeld gilt es, sich als Bürger bewusst zu bewegen. Eine Medienkompetenz soll diesen Weg kompetenter machen und Handlungsfähigkeit stärken. In diesem Kapitel geht es um die ganz konkrete Arbeit mit Medien im Unterricht.

Idee

Einige Schulen bilden ältere Schüler als „Medienscouts" aus. Diese gehen dann in jüngere Klassen und arbeiten dort zum Thema Medienkompetenz. Jugendliche können manche Dinge von ihresgleichen (Peergroup) besser annehmen (siehe auch 3.7 Streitschlichter und die Hinweise dazu im Titel „Konflikte an Förderschulen gewaltfrei lösen" vom PERSEN-Verlag).

Mit dem Material 32 werden verschiedene Quellen mit ihren verschiedenen, dahinterstehenden Absichten aufgezeigt. Dies kann als Diskussionseinstieg verwendet werden.

In Material 82 werden Informationen aus dem Internet genauer betrachtet. Dort werden v. a. die beiden Phänomene Filterblase und Fake News genauer beleuchtet. Material 83 eröffnet die Diskussion, wo „gute", also seriöse Informationen gefunden werden können. Diese Liste darf natürlich gerne erweitert und durchaus kontrovers diskutiert werden, je nachdem, welchen Schwerpunkt man auf Informationen setzt. Verwiesen sei hier auch auf den Punkt 2.4 Schulzeitung mit dem Material für „gute Artikel" (Material 49).

Mit dem Material 84 wird der Bogen wieder zur positiven Grundhaltung zur Demokratie und ihren Mitbestimmungsmöglichkeiten gespannt (z. B. Punkt 1.1 oder 1.3). Es werden Partizipationsmöglichkeiten aufgezeigt, die für jeden durch die Medien möglich sind.

In Material 84 sollen die grundlegenden Werte des Grundgesetzes noch einmal eine „Wertediskussion" in Bezug auf Medien eröffnen. Dies kann und soll auf die Alltagserfahrungen der Schüler mit Medien bezogen werden (z. B. Streitigkeiten über soziale Medien). Wichtig ist hierbei, dass diese Grundlagen beim realen Gegenüber, aber auch im Internet gelten. Falls es da Probleme gibt, soll auch klar werden, dass man Hilfe holen darf, ja sogar soll!

Mit diesen Materialien im Hintergrund oder ergänzend beim aktiven Tun oder beim Auftreten von Problemen ist die ganz praktische Arbeit mit den verschiedenen Medien, z. B.:

- aktuelle Nachrichten im Unterricht schauen und lesen
- aktuelle politische Themen diskutieren und mit Medien ergänzen (z. B. Talkshows, Infos, …)
- Informationen erarbeiten, z. B. für Referate oder Präsentationen
  - auf Quellen achten
  - Lexika / Wikipedia benutzen
  - Dokumentationen / Zeitschriften / Bücher

Tipp

Der bewusste Umgang mit Medien ist eine lebenslange Lernaufgabe. Seien Sie als Lehrer Ansprechpartner und Begleiter für dieses schwierige Feld. Seien Sie vor allem wohlwollend da, wenn etwas nicht funktioniert oder Fehler passiert sind – denn genau da ist Ihre Hilfe notwendig!

Gutes Zuhören

Ich achte auf diese Dinge:

	**Blickkontakt**
	**zuhören**
	**aufmerksam sein**
	**nicken, bestätigen „ja“, „aha“, ...**
	*Für Profis:* **nachfragen, in eigene Worte fassen**

Worte können wehtun

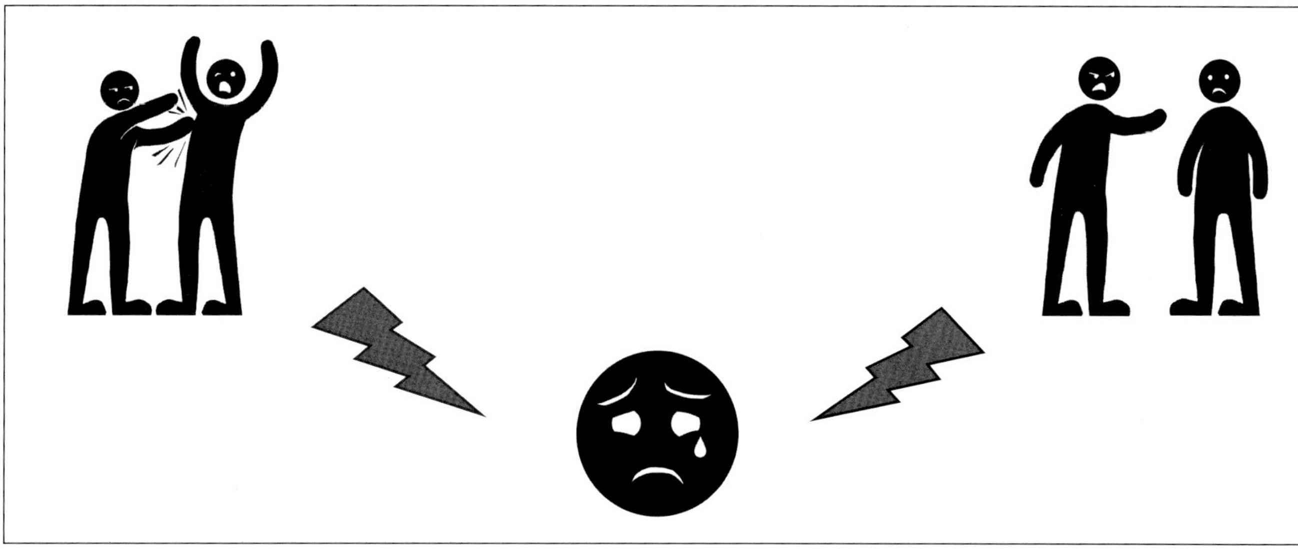

Diskutiere mit deinem Partner über das Bild oben. Was meint ihr?

Welche Wörter können wehtun?

Kennst du ein Beispiel, wo dich Sprache mal verletzt hat? Erzähle es oder schreibe es auf.

Wo im Körper kann Sprache wehtun?

Ich achte darauf:
Ich kann mit meinen Worten sehr wehtun!
Ich überlege gut, wie ich etwas sage.
Idee: ICH-Botschaften

Du stehst bei Pausenverkauf an.
Jemand drängt sich vor dich.

„Du hast dich vorgedrängelt, du Depp!"

(Angriff)

„Das stimmt nicht! Selber Depp!"

(Verteidigung)

„Du hast dich selbst vorgedrängelt! Du bist zu blöd zum Anstehen!"

(Gegenangriff)

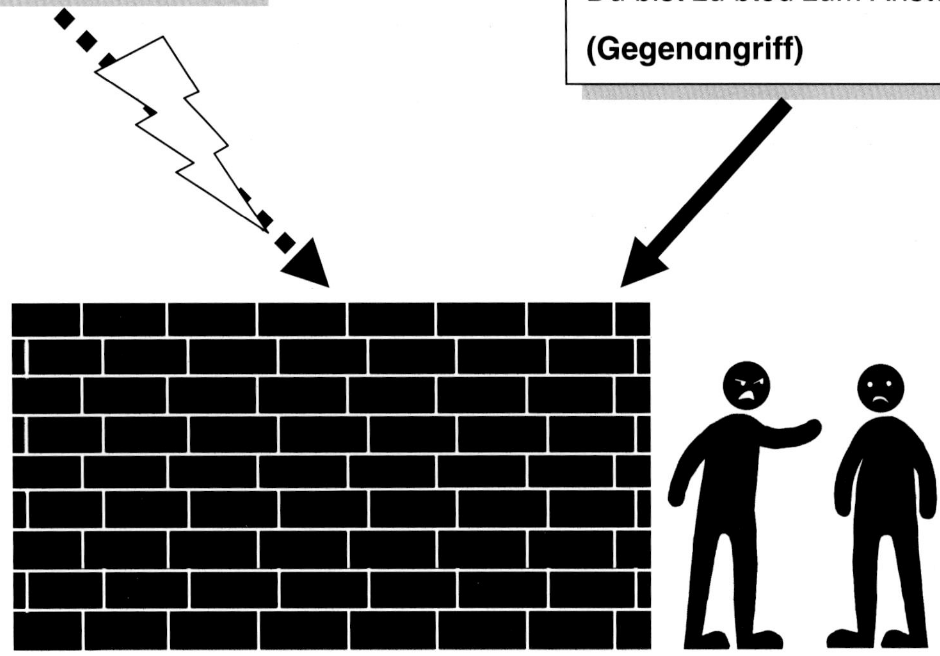

ICH-Botschaft

- Ich bin … (Gefühl)
- wenn du … (Auslöser)
- weil … (Begründung, kann evtl. weggelassen werden)
- und ich möchte … (Erwartung)

ICH-Botschaft (Beispiel):
„Ich bin ärgerlich,
wenn du dich vordrängelst,
weil ich großen Hunger habe
und ich möchte wieder vor dir stehen."

Deine ICH-Botschaft:
„Ich bin ________________________,
wenn du ________________________,
weil ________________________.

Wie schätze ich mich ein?

Wie schätzt mich meine Arbeitsgruppe ein?

Wie schätzt mich mein Lehrer ein?

Mein Ziel:	**Ich**	**Arbeitsgruppe**	**Lehrer**
	☺	☺	☺
	😐	😐	😐
	☹	☹	☹
☺ ☺ Das kann ich noch besser machen:			

Mein Ziel:	**Ich**	**Arbeitsgruppe**	**Lehrer**
	☺	☺	☺
	😐	😐	😐
	☹	☹	☹
☺ ☺ Das kann ich noch besser machen:			

Meine Ziele 2

Wie schätze ich mich ein?

Ziel:

Ziel:

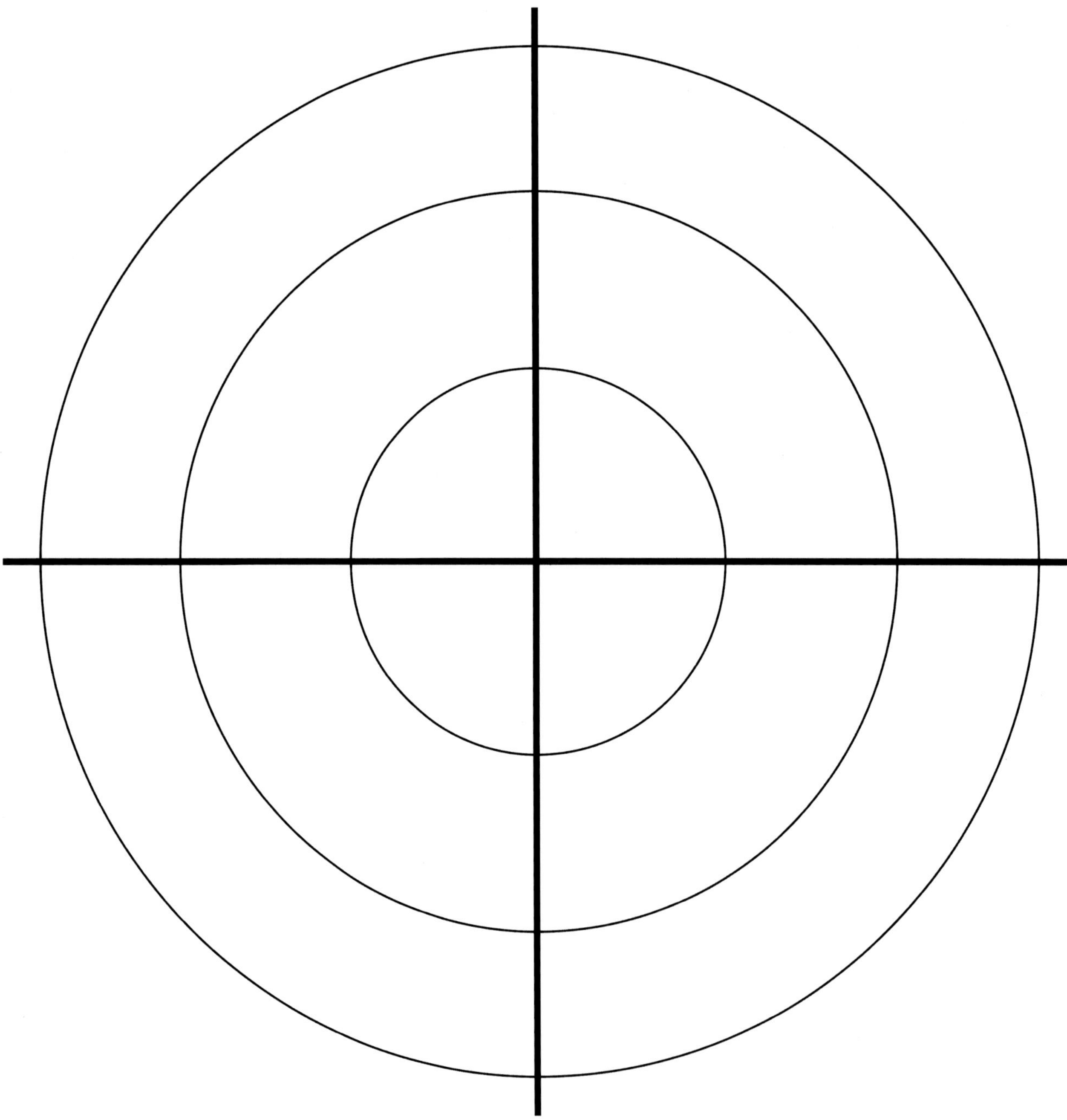

Ziel:

Ziel:

Ich arbeite leise.

Ich arbeite ordentlich.

Ich setze Aufträge sofort um.

Ich arbeite in der Gruppe mit.

Ich bleibe freundlich.

Ich schreibe ordentlich.

Ich hefte Arbeitsblätter sofort ab.

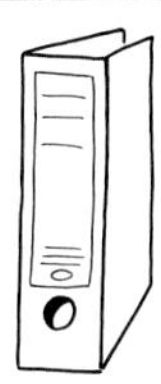

Ich sitze ruhig auf meinem Stuhl.

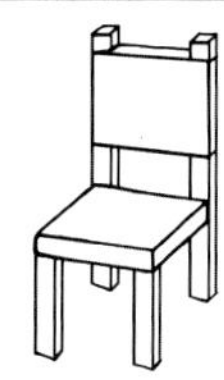

Ich spreche laut und deutlich.

Ich melde mich, bevor ich etwas sage.

Ich höre genau zu.

Ich mache die Aufgabe zu Ende.

Ich warte, bis ich an der Reihe bin.

Ziel:

Ziel:

Ziel:

Mein Schuljahr in der Klasse _____

Deutsch

Mathe

Sachunterricht

Denken und Lernen

mit anderen auskommen

Regeln einhalten

Selbstständigkeit

Mitarbeit

Datum: ____________________ Unterschrift: ____

Material 65

Es gibt Dinge, die sind unangenehm oder komisch. Es gibt Menschen, die kommen mir zu nah.

Wenn ich mich schlecht fühle, dann sage ich laut und deutlich:

NEIN oder **STOPP**

Ich sage es

→ laut und mit fester Stimme.
→ mit aufrechter, selbstbewusster Körperhaltung.
→ mit ernstem Gesichtsausdruck.
→ ich schaue dem anderen in die Augen.

Meistens hilft das schon! Aber ich muss es üben.

Wenn es nicht reicht, laufe ich schnell weg und hole mir Hilfe.

Überlege, wo du dir Hilfe holen kannst:

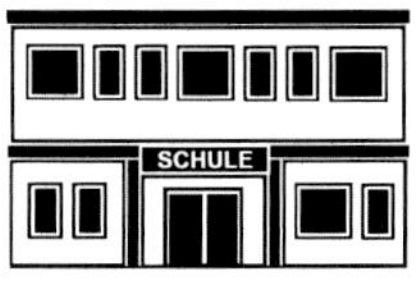

in der Schule: ________________________________

____

zu Hause: ________________________________

____

unterwegs: ________________________________

____

Ich warte, bis ich dran bin.	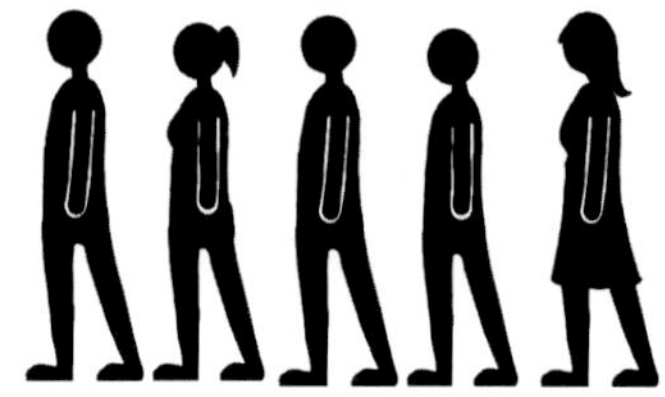
Ich melde mich.	
Ich höre gut zu.	
Ich bin leise.	
Ich achte andere Meinungen.	
Ich darf meine Meinung sagen.	
Ich achte auf meine Wortwahl.	

Was spricht dafür? Was spricht dagegen?

Verschiedene Sichtweisen:

Sichtweise: DAFÜR (pro)

Thema:

Sichtweise: DAGEGEN (kontra)

In der Demokratie gibt es Meinungsfreiheit.
Es gibt immer verschiedene Sichtweisen.

Ich bilde mir meine Meinung

Thema:

Sichtweise: DAFÜR (pro)

Sichtweise: DAGEGEN (kontra)

Diskussion mit der Klasse

Meine Meinung:

In der Demokratie gibt es Meinungsfreiheit.
Es gibt immer verschiedene Sichtweisen.

Schule:

Süßigkeiten-Automat in der Aula?!

Längere Pause?!

Handynutzung in der Schule?!

Kopftuchverbot an Schulen?!

Gesellschaft:

Mehr Klimaschutz?!

Busse und Bahnen umsonst?!

Billiges Fleisch für alle?!

Gleichberechtigung

(bitte Karten ausschneiden und nacheinander in Gruppen geben)

(in diesem Fall sind anfangs geschlechtergetrennte Gruppen sinnvoll; die Gesamtergebnisse dann wieder in der ganzen Klasse austauschen: Vorurteile oder Gleichberechtigung?)

Fall 1

Die Jungs spielen in der Pause Fußball. Ein Mädchen möchte mitspielen.

Was denkst du darüber?

Diskutiere in deiner Gruppe.

Schreibe wichtige Gedanken auf:

Fall 2

Die Mädchen spielen in der Pause Seilhüpfen. Ein Junge möchte mitspielen.

Was denkst du darüber?

Diskutiere in deiner Gruppe.

Schreibe wichtige Gedanken auf:

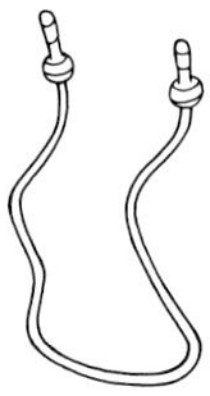

(bitte Karten ausschneiden und nacheinander in Gruppen geben)

(in diesem Fall sind anfangs geschlechtergetrennte Gruppen sinnvoll; die Gesamtergebnisse dann wieder in der ganzen Klasse austauschen: Vorurteile oder Gleichberechtigung?)

Fall 1

Du stehst mit deinen Freunden auf der Straße herum und ihr unterhaltet euch. Da läuft ein verliebtes Pärchen an euch vorbei.

Was denkst du darüber?

Diskutiere in deiner Gruppe.

Schreibe wichtige Gedanken auf:

Fall 2

Du stehst mit deinen Freunden auf der Straße herum und ihr unterhaltet euch. Da läuft ein verliebtes, homosexuelles Pärchen an euch vorbei.

Was denkst du darüber?

Diskutiere in deiner Gruppe.

Schreibe wichtige Gedanken auf:

Gefährdung der Demokratie

(bitte Karten ausschneiden und nacheinander in Gruppen geben, die Gesamtergebnisse dann wieder in der ganzen Klasse austauschen)

Fall 1

In Ungarn wird die Pressefreiheit stark eingeschränkt. Zudem werden die Richter nun vom Präsidenten ernannt – sie sind also nicht mehr unabhängig! Und das mitten in Europa!

Was denkst du darüber?

Diskutiere in deiner Gruppe.

Schreibe wichtige Gedanken auf:

____

____

____

____

____

Fall 2

In Deutschland gehen Menschen auf die Straße und rufen „Lügenpresse“ und beschimpfen Politiker als „Volksverräter“. Sie sind z. B. gegen Flüchtlinge.

Was denkst du darüber?

Diskutiere in deiner Gruppe.

Schreibe wichtige Gedanken auf:

____

____

____

____

____

In der Demokratie gibt es Meinungsfreiheit.

Es gibt immer verschiedene Ideen.

<table>
<tr><td>In der Familie
</td><td>Beispiel Urlaubsplanung:
Papa möchte in den Norden.
Mama möchte in die Berge.
Die Kinder möchten ans Meer.

Wo geht es hin im Urlaub?</td></tr>
<tr><td>Tarifverhandlung (Einkommen)
</td><td>Der Angestellte sagt: „Alles wird teurer. Ich möchte 100 € mehr!“
Der Chef sagt: „Das wird zu teuer!“

Wie geht es aus?</td></tr>
<tr><td>Parteien in der Politik
</td><td>Partei A sorgt sich um die Firmen und die Chefs.
Partei B sorgt sich um die Arbeiter und Angestellten.
Partei C sorgt sich um die Umwelt und den Klimawandel.
Keine Partei kann allein regieren! Wie geht das zusammen?</td></tr>
</table>

Das Diskutieren der Ideen ist wichtig in der Demokratie.

Nicht jede Idee kann verwirklicht werden.

Das Suchen einer gemeinsamen Lösung ist wichtig.

Eine gemeinsame Lösung nennt man **Kompromiss**.

Gemeinderat: „Neues Einkaufzentrum im Ort“

Die Rollen werden an jeweils zwei Schüler verteilt.
Diese lesen die Rolle und suchen noch eigene Argumente.

Der Gemeinderat (Rest der Klasse) und der Bürgermeister (Lehrer) eröffnen die Sitzung.

Die Spieler dürfen nacheinander ihre Argumente vorlesen.

Der Gemeinderat diskutiert mit den Spielern über gemeinsame Lösungen.
Der Bürgermeister moderiert.

Welcher Lösung können möglichst alle zustimmen? Wie sieht ein Kompromiss aus?

Rolle 1:
Ladenchef

- neue Einkaufsmöglichkeit für Bürger
- neue Arbeitsplätze im Ort
- neue Einnahmen für Ort (Steuer)
- ______________________
- ______________________

Rolle 2:
Verkäufer

- neue Arbeit
- Geld für die Familie
- Geld für das Haus im Ort
- ______________________
- ______________________

Rolle 3:
Anwohner

- mehr Lärm
- mehr Autos und Verkehr
- mehr Gestank
- ______________________
- ______________________

Rolle 4:
Umweltschützer

- Bäume müssen gefällt werden.
- Mehr Autos verschlechtern die Luft.
- Boden wird betoniert – keine Natur mehr!
- ______________________
- ______________________

Streit gibt es in der Familie.
Streit gibt es zwischen Freunden.
Streit gibt es in der Schule.
Streit gibt es in der Politik.

Einen Streit kann man lösen.
Das fühlt sich dann gut an!

Ein Streit ist wie die Spitze eines Eisbergs:
Was kannst du bei einem Streit sehen?

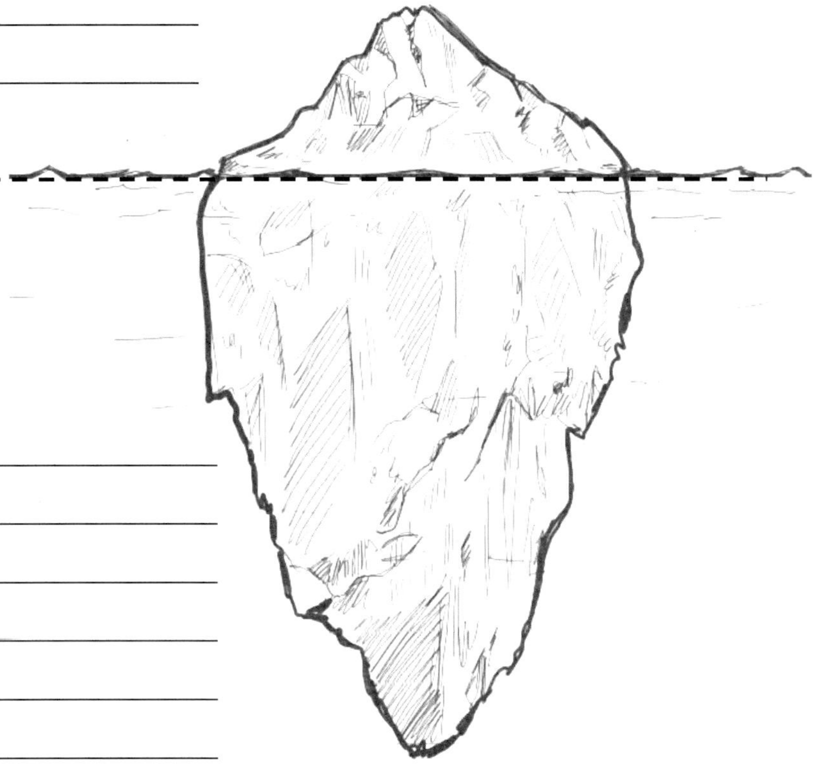

Was kann alles vorher passieren?
Welche Gefühle spielen mit?
Was kann man nicht sehen?

Jeder streitet anders:

- Manche gehen dem anderen aus dem Weg.
- Manche sind schüchtern und ängstlich.
- Manche weinen.
- Manche schreien.
- Manche schlagen.

Was bist du für ein „Streittyp“?

Streit ist normal. Streit gehört zur Demokratie.
Ich kann lernen, „richtig“ zu streiten!

Streit im Netz

Einen Streit gibt es auch im Internet
und in den sozialen Netzwerken.
So ein Streit ist auch anstrengend.
Der Streit ist immer online!

Viele können den Streit sehen!

Was gibt es alles im Netz?

1.	**Netzhetze** Äußerungen und Kommentare im Netz, die • unsachlich sind. • Ausdrücke verwenden. • beleidigend sind. • Hassgefühle schüren. • eine feindselige Stimmung erzeugen. • gegen eine Person gerichtet sind. • sehr wehtun und verletzen.	
2.	**Shitstorm** Äußerungen und Kommentare im Netz wie bei der Netzhetze (unsachlich, Hass, …). Es tut sehr weh und verletzt. Es werden unglaublich viele. Es fühlt sich an wie ein Sturm (→ storm). Oder wie eine Lawine, die über dich hereinbricht. Das ist kaum auszuhalten!	
3.	**Cybermobbing** Ein Streit im Netz, der nicht aufhört. Viele gegen einen. Alle können es sehen. Das ist kaum auszuhalten!	

Wenn du so etwas entdeckst: Mache nicht selbst mit!
Hole bitte Hilfe!
(z. B. Lehrer, Eltern, Polizei)

Ein Streit im Netz kann schnell gefährlich werden.
Hole bitte Hilfe!

Ein Streit kann heftig sein.
Ein Streit ist meist anstrengend.
Im Streit macht man Dinge, die einem hinterher leidtun.
Meistens fühlt man sich nicht gut.

Aber: Aus einem Streit kann man viel lernen!

Was kann ich nach einem Streit tun?

1.	**Beruhigen** Nach einem Streit hilft es, ruhig zu atmen. Das Beruhigen darf eine Zeit dauern!	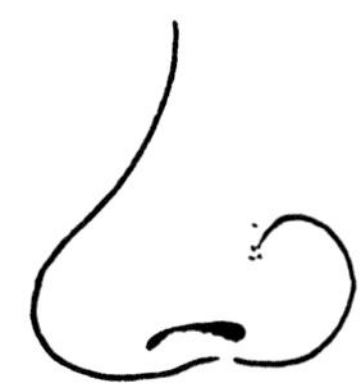
2.	**Nachdenken** Was war der Auslöser? Was ist vorher passiert? Wie fühle ich mich?	
3.	**Miteinander reden** Wenn sich beide Seiten beruhigt haben, kann man den Streit klären. Das ist nicht immer leicht. Ziel: eine gemeinsame Lösung Dazu darf ich mir **Hilfe** holen! (z. B. die Streitschlichter oder den Vertrauenslehrer)	

So lerne ich einen guten Umgang mit einem Streit.
So lerne ich, dass es nach einem Streit eine Lösung geben kann.

Das hilft mir auch mit Freunden oder in der Familie.

Streit ist normal. Streit gehört zur Demokratie.
Ich kann lernen, „richtig“ zu streiten!

Regeln für eine Streitschlichtung

Wichtig:

1. Wir halten zu euch beiden.
   Wir sind neutral.
2. Wir beschuldigen keinen von euch.
   Wir sind keine Richter.
3. Wir wollen eine **gemeinsame Lösung** mit euch finden.

Alles bleibt hier im Zimmer.

Alles bleibt geheim, wir verraten nichts.

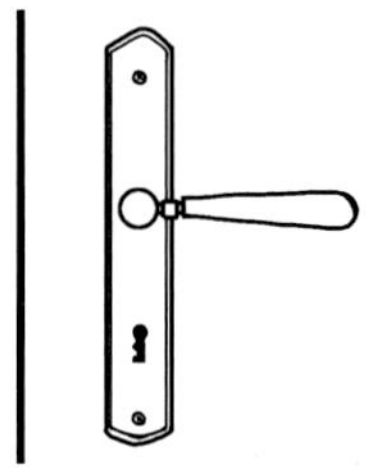

Gesprächsregeln:

1. Einander zuhören.
2. Den anderen ausreden lassen.
3. Keine Schimpfwörter benutzen.

1: Rahmen

Hallo! Setzt euch.
Ich sage euch die Regeln, ...
Habt ihr das verstanden?

2: Sich mitteilen

Wer fängt an?

Erzähl mal!
Erzähl du mal!

Bitte wiederhole, was der andere gesagt hat.
Bitte wiederhole du, was der andere gesagt hat.

3: Klärung

Willst du noch etwas sagen?
Willst du noch etwas sagen?

Wie fühlst du dich?
Wie fühlst du dich?

Wie denkst du, dass sich der andere fühlt?
Wie denkst du, dass sich der andere fühlt?

4: Problemlösung

Hast du eine Idee, wie du den Streit lösen kannst?
Hast du eine Idee, wie du den Streit lösen kannst?

Passt es für dich?
Passt es auch für dich?

5: Vertrag

Wir halten eure Lösungen in einem Vertrag fest.
Habt ihr alles verstanden? Bitte unterschreiben.

Tschüss.

Gesprächsleitfaden: Konfliktbewältigung

<table>
<tr>
<td></td>
<td>Wer fängt an?

Erzähl mal!
Erzähl du mal!</td>
<td>Sachebene
• Beide Streitparteien sind gleichberechtigt.
• Jeder erzählt seine Wahrheit.
• Jeder hört dem anderen zu.</td>
</tr>
<tr>
<td></td>
<td>Wie fühlst du dich?
Wie fühlst du dich?</td>
<td>Gefühlsebene
• Beide Streitparteien sind gleichberechtigt.
• erzeugt Innehalten und Nachdenken
• einfühlen in sich selbst (und eventuell in Gegenüber)</td>
</tr>
<tr>
<td></td>
<td>Hast du eine Idee, wie du den Streit lösen kannst?
Hast du eine Idee, wie du den Streit lösen kannst?

Passt es für dich?
Passt es für dich?</td>
<td>Lösungsorientierung
• Schüler machen Vorschläge.
• Lösung muss für beide Seiten passen.
• keine Einigung: Lösungssuche vertagen; Erfolg würdigen, dass man miteinander gesprochen hat</td>
</tr>
</table>

Hinweise zur Durchführung

- Beide Konfliktparteien kommen zum Gespräch, Klassenrat, …
- Die Fragen werden jeder Partei einmal gestellt und daher im Gesprächsleitfaden zweimal aufgelistet.
- auf Gesprächsregeln achten (v.a. einander zuhören, ausreden lassen, …) (siehe 3.5)
- Nicht zu lange auf Sachebene aufhalten:
  - Es geht nicht um die Erforschung der Wahrheit (Was ist schon die Wahrheit?),
  - sondern es geht um eine gleichberechtigte Darstellung der beiden Sichtweisen.
- Die Gefühlsebene beachten – sie bringt oft einen Wendepunkt.
- Die Lösungsideen sollen möglichst von den Schülern kommen.

Ich kann im Internet ganz viele tolle Sachen finden.

- Ich muss gut aufpassen, was ich finde.
- Ich muss gut aufpassen, wo ich etwas finde!

Filterblase	Manche Dinge sind sehr praktisch. Viele Firmen merken sich, was mir gefällt. Sie zeigen mir schnell, was mir gefällt. Sie „filtern“ die Informationen für mich. Das heißt aber auch: • Ich sehe nicht alle Informationen. • Ich sehe nur noch, was mir gefällt. • Ich sehe keine anderen Meinungen mehr. **Das nennt man „Filterblase“.** • Das ist gefährlich für die freie Meinungsbildung. • Ich kann so leicht beeinflusst werden. • Verschwörungstheorien oder Propaganda haben es so leichter.
Fake News	Nach Artikel 5 im Grundgesetz gilt die Pressefreiheit. Die Medien dürfen berichten, worüber sie wollen. Aber sie müssen „die Wahrheit“ berichten. Im Internet und in den sozialen Netzwerken kann jeder etwas schreiben. Das ist toll und vielseitig. **ABER: Nicht jeder schreibt die Wahrheit!** Manche Leute schreiben bewusst falsche Nachrichten. Sie wollen bewusst andere Leute beeinflussen. Sie wollen bewusst Stimmung machen. **Das nennt man Fake News!** • Das ist gefährlich für die freie Meinungsbildung! • Ich kann so leicht beeinflusst werden! • Verschwörungstheorien oder Propaganda haben es so leichter.

Ich achte darauf, wo ich etwas lese, sehe oder höre.
Ich überlege gut, was ich davon glaube und was nicht!

Medien: Gute Informationen

Viele Medien haben eine bestimmte Absicht. Das muss ich wissen!

Wie komme ich an gute Informationen?

- Ich glaube nicht jede Meldung sofort.
- Ich passe auf, in welcher Quelle ich etwas finde.
- Ich vergleiche die Meldung mit einer anderen Quelle.

Welche Quellen bieten „gute“ Informationen? Diskutiere.

 **Zeitung**	• Tageszeitung + Regionalzeitung • Wochenzeitungen • „Klatschzeitschriften“ eher nicht – gut vergleichen • Wissenszeitschriften • politische Magazine (z. B. Spiegel, Focus) • ______________________ • ______________________
 **Fernsehen/ Radio**	• öffentlich-rechtliche Sender • Privatsender • staatliche Radiosender, Nachrichtensender • Spartensender (auf bestimmte Themen spezialisiert) • ______________________ • ______________________
 **Internet**	• Onlineangebote der Tageszeitungen • Onlineangebote der öffentlich-rechtlichen Sender • Wochenzeitungen • ______________________ • ______________________

Ich achte darauf, wo ich etwas lese, sehe oder höre.
Ich überlege gut, was ich davon glaube und was nicht!

Ich kann durch Medien in der Demokratie mitwirken!

- Ich kann mich gut informieren.
- Ich kann mir meine Meinung bilden.
- Ich kann meine Meinung veröffentlichen und diskutieren.
- Ich kann Briefe, Mails oder Petitionen schreiben.
- Ich kann abstimmen oder an Umfragen teilnehmen.

Welche Medien kann ich dafür nutzen?

 **Zeitung**	• Informationen für Thema suchen • Leserbrief schreiben • Presse/Redaktion zu Veranstaltung einladen • an Veranstaltungen oder Diskussionen teilnehmen • ______________________ • ______________________
 **Fernsehen / Radio**	• Informationen für Thema suchen • Dokumentationen zum Thema anschauen • An Umfragen teilnehmen • Diskussionsrunden anschauen • Nachrichten anschauen • beim Sender anrufen oder Mail schreiben • ______________________ • ______________________
 **Internet**	• Informationen für Thema suchen • Onlinepetitionen unterstützen • Mails an Politiker oder Behörden schreiben • Themen diskutieren oder kommentieren • schnelle Teilnahme möglich • Auf Wortwahl achten! (keine Beleidigungen, …) • ______________________ • ______________________

Ich nutze Möglichkeiten und wirke mit.
Ich achte auf die richtigen Worte!

Wertvolle Medien

Ich achte darauf, dass ich „wertvolle“ Medien benutze.

„Wertvolle“ Medien achten die Werte der Demokratie!

Ein paar Beispiele. Diskutiere über deine Erfahrungen.

Menschenwürde  	• Jeder Mensch ist wertvoll. • Die Menschenrechte werden beachtet. • Respekt: Alle gehen respektvoll miteinander um. ✓ Es wird **nicht** über andere gelästert! ✓ Es wird **nicht** „gehetzt“ oder zu Hass aufgerufen! ✓ Es wird **nicht** beleidigt! ______________________________ ______________________________
Meinungsfreiheit 	• Es werden verschiedene Meinungen zugelassen. • Es wird kritisiert – aber sachlich. • Es wird diskutiert – aber sachlich. ✓ Andere Meinungen werden nicht niedergemacht! ✓ Andere Menschen werden nicht angegriffen! ✓ Andere Menschen werden nicht beleidigt! ______________________________ ______________________________
Gleichheit  	• Alle Menschen werden gleich behandelt. • Alle Menschen dürfen sich beteiligen. • Rassismus ist nicht in Ordnung! • Es wird nicht über andere gelästert oder gehetzt! ______________________________ ______________________________

Ich achte darauf, wo ich etwas lese, sehe oder höre.
Menschenwürde und Grundgesetz werden geachtet.

Jederzeit optimal vorbereitet in den Unterricht?